ABRÉGÉ
DU
MANUEL DE DRAINAGE

DESTINÉ AUX ÉLÈVES DES ÉCOLES PRIMAIRES,

RÉDIGÉ SOUS LES AUSPICES D'UNE COMMISSION SPÉCIALE NOMMÉE PAR M. LE PRÉFET DE L'OISE,

PAR **A. VITARD,**

AGENT-VOYER-PRINCIPAL,

Sociétaire-fondateur de l'Association de Drainage de l'Oise, Membre de plusieurs Sociétés d'Agriculture.

2e Édition stéréotypée.

A PARIS.

VEUVE BOUCHARD-HUZARD, LIBRAIRIE AGRICOLE, rue de l'Éperon Saint-André, 5.

A BEAUVAIS.

BALTAZARD, LIBRAIRE, rue de la Harpe. | TREMBLAY, LIBRAIRE, rue de la Taillerie.

Et dans toutes les Librairies agricoles de Paris et du département de l'Oise.

1855.

Recommandation du Manuel de Drainage, comme Livre de lecture dans les Ecoles.

Beauvais, le 20 février 1855.

Le Préfet de l'Oise, commandeur de la Légion-d'Honneur, à MM. les Maires du Département.

Monsieur le Maire,

Au mois d'août dernier, dans le but de vulgariser la découverte du drainage, je vous ai invité à comprendre parmi les ouvrages à distribuer en prix dans les écoles, le *Manuel du Drainage*, par M. Vitard, agent-voyer d'arrondissement à Beauvais et membre de la Société du drainage de l'Oise.

Fidèle à la même idée, j'ai pensé qu'on ferait faire un pas immense à la notion du drainage, en mettant aux mains des enfants un abrégé de ce Manuel, bien simple, bien compréhensible, dégagé de toutes les locutions scientifiques, et réduit à la partie purement pratique et méthodique; j'ai donc engagé l'auteur à retoucher son œuvre, et à en faire lui-même un extrait judicieux à la portée des jeunes intelligences; c'est ce qu'il a accompli dans une petite brochure qui se vend chez Tremblay, libraire à Beauvais, et dont le prix n'excède pas 60 centimes, payables en six mois, si l'on veut, à raison de 10 centimes par mois.

Ce mot de drainage était à peu près inconnu en France, il y a quelques années; il faut arriver à ce qu'il présente à l'esprit des enfants une idée aussi nette, aussi familière que celui de labourage. Il n'est pas un enfant qui ne sache que la première préparation à donner à la terre, pour la rendre productive, c'est de la labourer; il importe qu'il sache également désormais, par une espèce d'intuition native, qu'il est aussi nécessaire de l'assécher, de la débarrasser des eaux internes qui la refroidissent et la stérilisent, et qu'on obtient ce résultat si désirable par l'opération du drainage.

Je verrais donc avec plaisir que chaque instituteur prît souci d'exercer les enfants à la lecture dans le *Manuel abrégé du Drainage*, comme dans les autres livres élémentaires, et de leur donner, chemin faisant, les explications nécessaires. Ce serait un moyen de varier les sujets d'étude et de rendre l'education à la fois plus profitable et plus attrayante. L'éducation agricole est sœur de l'éducation chrétienne.

Beaucoup de parents voudront gratifier leurs enfants d'un opuscule aussi essentiel et aussi peu coûteux, et je suis disposé à approuver les crédits qui seraient votés par les Conseils municipaux pour l'achat de quelques exemplaires à l'usage des enfants admis gratuitement dans les écoles.

Ainsi se trouverait réalisé par la seule force des choses, par le simple choix d'un sujet de lecture, bien approprié, un grand progrès en agriculture, presque sans frais, et pour ainsi dire sans que maîtres et disciples s'en aperçoivent.

Agréez, Monsieur le Maire, l'assurance de ma considération très distinguée.

A. RANDOUIN.

A M. le Vicomte Randouin,

PRÉFET DE L'OISE,

Commandeur de l'ordre impérial de la Légion-d'Honneur.

MONSIEUR LE PRÉFET,

Si c'est un devoir pour moi de vous dédier cet Abrégé destiné aux Enfants des Ecoles primaires; si je remplis ce devoir avec bonheur, vos bons sentiments me font penser que vous trouverez tout naturel que j'associe à votre nom, celui de feu M. le duc de Mouchy, enlevé prématurément au pays, à sa famille, à notre affection. S'il n'est plus, son souvenir est d'autant moins inséparable des progrès du drainage, dans l'Oise, qu'il a donné la vie à notre Association, par son concours si dévoué; que sa noble veuve et ses enfants ne cessent de prouver leur vif désir de continuer son œuvre.

Agréez, je vous prie,

Monsieur le Préfet,

la nouvelle assurance bien sincère de mes sentiments de respect, de gratitude et de dévouement,

A. VITARD.

La Cocadrille. (*Visions de la Nuit*, pages 16 et 17.)

ABRÉGÉ

DU

MANUEL DE DRAINAGE

Destiné aux Élèves des Écoles primaires.

Le mot en était à peine connu, il y a quelques années; il importe de le populariser et de familiariser les générations nouvelles avec les procédés qu'il emploie, avec les avantages incontestables qu'il procure. — Du Drainage. —
(Circulaire de M. le Préfet de l'Oise, aux Maires de ce département.)

CHAPITRE Ier.

QU'ENTEND-ON PAR LE MOT DRAINAGE? — POURQUOI FAUT-IL DRAINER? — QUELLES TERRES DOIT-ON DRAINER?

On a comparé la terre contenue dans un pot de fleurs, au terrain assaini au moyen du drainage.

Cette comparaison, due à M. Martinelli, président du comice de Nérac, est aussi simple qu'elle est heureuse.

En effet, le *drainage,* mot anglais que nous avons adopté, en France, comme exprimant l'action d'assainir une terre humide, n'est autre chose que l'opération qui a pour but, et toujours pour résultat, de placer nos champs, nos prairies, absolument dans les mêmes conditions que la terre qui se trouve dans un pot de fleurs.

Les tuyaux que l'on met dans les tranchées, fossés ou drains creusés d'une certaine manière que je vous indiquerai tout-à-l'heure, dans les terres humides, fortes, froides ou grasses, n'ont d'autre objet que de permettre à l'eau surabondante de s'écouler, à l'air de pénétrer dans le sol. Ils font ainsi exactement l'office du trou du pot de fleurs.

Partant de là, vous comprendrez bien aisément, mes enfants, au moyen de quelques explications nécessaires, toute l'utilité du drainage.

Tant que le trou pratiqué dans le pot de fleurs, donne facilement passage à l'eau de pluie ou d'arrosage, la plante qui se trouve dans le pot, pousse généralement bien, si on n'oublie pas de l'arroser de temps en temps; mais, si le trou vient à se boucher, et que, par suite, l'écoulement de l'eau soit rendu très-difficile, sinon complétement impossible, peu à peu la plante dépérit; si elle est en fleurs, les belles couleurs de sa corolle, penchant languissante sur sa tige, ne tardent pas à perdre tout leur éclat, et la plante elle-même finit par mourir, si on n'a recours au seul moyen de guérison possible, c'est-à-dire, à l'opération ayant pour effet de rendre l'écoulement de l'eau facile.

Si nos blés, en 1854, ont été atteints de la rouille; si la carie a occasionné des pertes considérables, on doit peut-être en attribuer la cause à la maladie qu'ils avaient contractée par suite de l'état trop humide du sol, d'abord, maladie aggravée ensuite par soixante-cinq jours de pluies, presque continuelles, qui auraient bien pu amener de très-grands malheurs.

Revenons à notre démonstration.

Si le trou du pot de fleurs se trouve bouché à l'époque des fortes chaleurs, on remarque que la terre qu'il contient devient dure; qu'à la surface, il se forme des crevasses qui ont une certaine profondeur.

Si ce petit accident a lieu aux approches de l'hiver, ou même dans les premiers jours d'une période pluvieuse aussi longue que celle dont nous avons tant souffert en 1854, on voit d'abord l'eau rester à la surface du pot de fleurs, puis on remarque qu'elle prend peu à peu une teinte verdâtre, et qu'enfin elle donne naissance à de petites mousses très-fines.

Eh bien! supposez qu'au lieu d'un pot de fleurs, il s'agisse d'un champ, d'une contrée où le sol sera d'une nature à ne pas permettre aux eaux de pluie de s'écouler facilement, vous aurez une idée très-nette et très-complète de la cause de l'infertilité de certaines terres où l'application du drainage doit avoir de si heureux résultats.

Si le trou du pot de fleurs, sert à l'écoulement des eaux dont la terre qu'il contient n'a pas besoin, il en est tout à fait de même des tuyaux dans un champ drainé. Si, dans le pot de fleurs que vous arrosez avec soin, vous ne voyez jamais durcir la terre, tant que l'écoulement de l'eau est facile; si vous n'y remarquez généralement que de toutes petites crevasses à la surface, il en est ainsi, proportion gardée, dans les terres drainées. Il en résulte que jamais les racines n'ont à souffrir de l'effet mortel de ces *fentes* qui se produisent dans certains terrains, et qui, très-larges à l'ouverture, pénètrent quelquefois à plus d'un mètre dans l'intérieur du sol.

On appelle cet effet *retrait*. Vous pourrez en avoir une idée bien nette, en prenant une certaine quantité de terre forte, d'argile ou de glaise, en la pétrissant et en l'exposant ensuite à l'action d'un feu assez vif, soit dans une cheminée ordinaire, soit dans un poêle.

Ce retrait est dû à l'eau qui se vaporise par la chaleur, ou, en d'autres termes, qui s'évapore. Tout-à-l'heure, vous saurez ce que signifient ces deux mots. La terre que vous avez pétrie contenait de l'eau en plus ou moins grande quantité. Au fur et à mesure qu'elle se trouve absorbée par la chaleur, le morceau d'argile ou de glaise qui sert à votre expérience change de forme, en diminuant de grosseur, c'est-à-dire, qu'il s'y produit des crevasses d'autant plus grandes et plus nombreuses, que la terre était plus humide. Ces crevasses occupent la place de l'eau que contenait la terre et que la chaleur a fini par absorber presque en entier.

Cet effet est le même que celui que vous avez dû remarquer dans les terres humides, froides, fortes ou grasses, après quelques jours de grandes chaleurs ou de vents de Nord, d'Est ou de Nord-Est. Vous comprendez aisément que ces crevasses ne peuvent avoir rien de régulier; elles dépendent d'une foule de circonstances qui n'ont pas d'effet sur le résultat, mais qui modifient les formes sous lesquelles il se produit.

Il y a des terrains qui ne sont ni froids ni gras, dans les parties du moins où pénètrent et vivent généralement les plantes usuelles, et auxquels cependant l'application du drainage, est une mesure indispensable. Ce sont ceux où se trouvent des nappes d'eaux souterraines qui produisent le même effet que les grandes pluies, sur le sol trop compacte pour absorber, concurremment avec l'évaporation, les 6,500 mètres cubes d'eau qui tombent, en France, année moyenne, par hectare ou par cent mètres carrés.

Pour bien comprendre les inconvénients que présente l'existence des nappes souterraines, il faut savoir que l'eau qui les compose, remonte sinon toujours à la surface, du moins à la hauteur des racines de la plupart des plantes utiles à l'homme. Or, comme les eaux ordinaires ne sont chaudes que quand elles ont été exposées à l'action du feu ou des rayons du soleil; comme la chaleur est la source de la vie du monde, les plantes qui restent constamment dans un milieu humide, et par cela même toujours froid, ne donnent que des produits insignifiants, *si même il y a produit.* Et, chose fâcheuse et désespérante! plus le temps est favorable aux terrains placés dans de bonnes conditions, plus souffrent ceux dans lesquels existent des nappes d'eaux souterraines. Ainsi, vous avez pu remarquer, ou, si vous ne l'avez pas fait, vos parents ont été à même de le faire, vous avez pu remarquer, dis-je, des blés qui donnaient de belles espérances au mois d'avril, dépérir à vue d'œil, aussitôt que les rayons du soleil prenaient de la force. Les feuilles jaunissaient, et au moment de la récolte, on reconnaissait, avec douleur, que l'on avait perdu semence, peines et soins.

Ce fâcheux résultat, mes enfants, est dû à l'action combinée de l'effet capillaire avec l'évaporation.

Que ces mots ne vous effraient pas. Vous allez en comprendre bientôt la signification.

Commençons par la capillarité, ou effet capillaire.

Pour bien vous rendre compte de ce que l'on entend par là, il vous suffira de prendre un morceau de sucre, de le placer dans une soucoupe sur le fond de laquelle il se trouvera de l'eau, — quelques millimètres de hauteur seulement. —Vous la verrez bientôt monter, monter encore et pénétrer successivement toutes les parties de ce morceau de sucre, lequel, dans cet état, sera dit saturé d'eau.

Voilà tout. Ainsi, la signification, dans l'espèce, des deux mots *capillarité* et *saturé* vous est connue maintenant comme à nous, comme à tout le monde.

De même que l'eau tend à monter du fond d'une soucoupe, d'un vase quelconque, dans toutes les parties d'un morceau de sucre, de même l'eau des nappes souterraines tend à remonter vers la surface de la terre, et y remonte réellement, la plupart du temps, d'autant plus facilement que le sous-sol est d'une nature plus légère, d'autant plus promptement que la chaleur du soleil est plus forte, c'est-à-dire, que l'évaporation est plus énergique (1).

Si l'effet que l'on veut indiquer par le mot *capillarité* est facile à comprendre, il en est de même de celui qu'exprime le mot *évaporation*.

(1) On peut encore se faire une idée bien nette de la capillarité, en voyant l'effet de l'eau que l'on met dans la soucoupe des pots de fleurs, quand l'arrosage en dessus ne peut avoir d'effet utile.

Notre intelligent professeur d'agriculture, M. Gossin, définit ainsi l'effet capillaire : « De même que l'huile de » la lampe monte à la mèche, à mesure que la lumière la » consume, de même l'humidité intérieure de la terre » monte à la surface et s'y renouvelle. »

Pour le reconnaître, vous n'avez qu'à prendre un linge mouillé et à l'exposer devant le feu, où il sèchera en *fumant*, c'est-à-dire, que vous remarquerez des vapeurs qui se formeront après quelques instants, et qui seront d'autant plus faciles à distinguer que vous approcherez ce linge plus près du feu ou que la chaleur sera plus forte.

Cet effet, s'exprime par le mot évaporation. — Vous en aurez encore une idée bien nette en prenant, comme je vous l'ai déjà indiqué, un morceau de terre froide, forte ou grasse, que vous pétrirez avec soin, dont vous formerez, soit une boule, soit un prisme, et que vous exposerez ensuite auprès du feu; vous la verrez fumer d'abord et puis se crevasser. La fumée, ou plutôt les vapeurs qui en émaneront, ne seront autre chose que de l'eau enlevée par l'effet de la chaleur, c'est-à-dire, par évaporation. Si vous désirez connaître la quantité d'eau qui sera évaporée, pendant un temps donné, ou jusqu'à ce que vous ne remarquiez plus de vapeurs, il vous suffira de peser votre terre avant et après votre expérience.

Vous le voyez, mes enfants, l'évaporation et la capillarité sont deux choses bien faciles à comprendre, en tant qu'il s'agit de l'effet qu'exprime chaque mot, considéré isolément. Eh bien! vous comprendrez tout aussi aisément ce que j'ai voulu dire par l'action combinée de ces deux effets.

Vous pourriez vous demander avec raison si l'effet capillaire se produit dans la terre, comme dans le sucre. Oui, mes enfants. Il est facile de s'en assurer de plusieurs manières. Vous pourriez, par exemple, faire l'expérience sur un morceau d'argile à briques; mais le moyen le plus simple et le plus concluant, le voici : prenez un petit tube en verre, un verre de lampe, par exemple, divisé en trois ou quatre tronçons. Placez-en un sur une assiette ou sur une soucoupe. Remplissez-le de terre argileuse, jusqu'aux deux tiers ou aux trois quarts de sa hauteur. Versez ensuite dans l'assiette ou la soucoupe un peu d'eau. Vous verrez bientôt, grâce à la transparence du verre, l'humidité gagner la base de votre argile, puis monter plus ou moins lentement, suivant que la quantité d'eau sera plus grande, ou que la terre en sera plus avide, état que l'on exprime par le mot affinité. — On dit que l'argile a beaucoup d'affinité pour l'eau, parce qu'elle en est très-avide. —

Si sur la base supérieure de votre tronçon de verre, vous placez une petite capsule de cuivre percée de quelques trous et dans laquelle vous entretiendrez, au moyen de charbon de bois, une chaleur plus ou moins forte, vous verrez l'eau monter beaucoup plus vite, et la quantité versée dans l'assiette se trouvera bientôt épuisée, si vous ne la renouvelez pas. Si vous la renouvelez, il y aura toujours une partie de la terre très-humide, et d'autant plus, que la chaleur du haut sera plus forte, puisque le mouvement d'ascension sera plus prompt et plus énergique.

Considérez l'eau de votre assiette comme une nappe souterraine, la terre contenue dans le tronçon de verre comme le sol et le sous-sol, sur une certaine hauteur, d'un champ, d'une contrée, la chaleur de votre capsule comme celle des rayons solaires, et vous aurez une idée exacte et complète de la capillarité, de l'évaporation, et de l'effet combiné de la capillarité avec l'évaporation.

Mais, les fortes chaleurs commençant en juin, et l'eau des nappes souterraines, qui ne reçoit de chaleur d'aucune part, montant alors, par l'effet capillaire, dans la couche de terre où se trouvent les racines des plantes utiles qui ont besoin de chaleur, il est évident que ces plantes souffriront. Voilà pourquoi, comme je vous le disais tout-à-l'heure, des blés conservent une assez belle apparence tant que la chaleur de l'atmosphère diffère peu de celle du sol, à une certaine profondeur. Comme elle ne détermine pas, dès-lors, d'évaporation bien considérable, la capillarité n'agit pas de manière à ce que les différentes couches du sol soient beaucoup plus froides les unes que les autres; mais, dès que le soleil a plus de force, ces blés viennent à jaunir dans le pied et finissent par peu produire, à moins de circonstances excessivement favorables.

Voilà pourquoi encore, dans les prairies où les irrigations sont faites avec peu de soin, il y a tant de mauvaises herbes et si peu de bonnes,

Ces dernières aiment un terrain à peu près sec ; les autres, au contraire, préfèrent l'humidité.

Ces effets fâcheux se produisent, tous les jours, dans les champs que cultivent vos parents et les miens, où existent des nappes d'eaux souterraines. Des contrées entières se trouvent dans ce cas-là. Les unes, parce qu'il y a un niveau d'eau à quelque distance de la surface ; les autres, parce que les eaux de pluies, n'ayant pas été évaporées, ont pénétré lentement le sol dans lequel elles se sont infiltrées jusqu'à une certaine profondeur, pour remonter ensuite, par l'effet de la capillarité, quand viennent les chaleurs brûlantes de l'été, chaleurs qui absorbent l'humidité de la couche de terre perméable.

Dans les champs en culture, on ne voit pas toujours les vapeurs produites par l'effet de l'évaporation, parce que la terre n'est pas humide au point que les rayons solaires puissent agir sur le sol, comme un grand feu sur un linge mouillé ou sur un fragment de glaise.

Si une partie de la quantité d'eau que vous employez à l'arrosement de votre pot de fleurs, s'écoule dès que cette quantité cesse d'être en rapport avec les besoins de la terre, c'est un fait qui prouve que le sol de nos champs conserve toujours, à moins de circonstances extraordinaires, l'humidité qui lui est nécessaire pour produire suivant la destination qui leur est assignée par la divine Providence.

Si les eaux de pluie, ce qui arrive très-fréquemment, ne peuvent pénétrer facilement certains terrains qu'à une profondeur de 0,25 à 0,30, la réserve d'humidité, pour les périodes de sécheresses qui peuvent suivre les grandes pluies, ne sera pas considérable, et ils souffriront évidemment, d'abord, de l'excès d'humidité dans lequel ils se trouvent, et ensuite, de la sécheresse qui les rendra très-probablement secs et brûlants, pour peu qu'elle dure seulement quelques semaines. Si, au contraire, les eaux de pluie avaient pu pénétrer jusqu'à une profondeur de 1m 20 à 1m 30, aucune partie du sol n'aurait souffert de l'effet des grandes pluies, et, cependant, une couche de terre assez puissante, se serait trouvée dans un état d'humidité tel qu'une sécheresse, même assez longue, n'eût pas entièrement épuisé l'ample provision faite si naturellement en vue des grandes chaleurs de l'été.

Si vous voulez vous rassurer complétement et rassurer en même temps vos parents, à cet égard, faites encore une expérience. Reprenez votre tronçon de verre de carafe ou un tube fait exprès, de 0,10 à 0,15 de longueur et de 0,04 de diamètre; placez dans le fond et de manière à occuper le vide, sur les 85/100mes de la hauteur, de l'argile plastique, — terre à pots, à tuiles ou à carreaux; — achevez de le remplir, à 0,01 près, avec de l'argile ordinaire; versez de l'eau dessus, peu à peu, jusqu'à ce qu'elle couvre la surface de cette terre, cas dans lequel elle sera dite saturée d'eau; placez ensuite sur la surface supérieure de votre verre votre capsule en cuivre, allumez-y du feu et donnez autant de chaleur que vous le voudrez.

Peu après, l'évaporation produira son effet, et bientôt votre argile ordinaire se trouvera dans un état de sécheresse désespérant.

Voilà, vous le comprenez bien, ce qui arrive en grand, très-exactement, au moment des fortes chaleurs, dans les terrains dont une faible couche seulement boit bien l'eau.

Si au lieu de 0,03 à 0,04 de terre perméable, il y en avait eu 0,10, la chaleur aurait produit moins d'effet; la terre aurait conservé plus de moiteur, les plantes auraient moins souffert; mais, si au lieu de 0,10, il y en avait eu 1^{m} 20, 1^{m} 30, les rayons solaires auraient mis beaucoup de temps à absorber l'humidité complète du sol. En d'autres termes, les plantes auraient pu se passer de pluie pendant plus longtemps, ou, pour mieux dire, à moins d'une durée de sécheresse extraordinaire, la terre eût eu une provision d'humidité suffisante pour attendre que la Providence lui eût permis de la renouveler.

Donc, il faut drainer sans crainte, et même de préférence à toutes les autres, les terres que l'on craint généralement de rendre trop sèches, parce qu'eu égard à leur nature compacte, elles sont dures, sèches et brûlantes en été.

Vous le voyez, mes enfants, le drainage ne peut jamais avoir pour effet de rendre la terre trop sèche. Cette crainte, manifestée dans certaines contrées, n'a aucun fondement.

L'air stagnant cesse de soutenir la vie de l'homme et des animaux, de même l'eau et l'air stagnants peuvent cesser de fournir les éléments nécessaires à la végétation.

Voulez-vous avoir une preuve bien convaincante que si l'air qui circule donne la vie, l'air stagnant donne la mort. Remarquez ce qui se passe, par exemple, dans l'intérieur d'un acacia du genre *inermis*, surtout, au mois d'août ou de septembre.

La tête, à l'extérieur, est de toute beauté, et à l'intérieur, dans les parties où l'air ne peut pénétrer, ses nombreuses feuilles jaunissent peu à peu, se dessèchent et finissent par tomber. Le mal qui les a fait périr atteint même toujours l'extrémité, et, souvent, une assez grande longueur des ramilles qui les supportent.

Cet effet se produit dans l'intérieur de la cime de tous les arbres très-touffus.

Quand la terre se trouve dans l'état où est le morceau de sucre dont je vous ai parlé, après avoir subi l'effet de la capillarité, quand elle est saturée d'eau, enfin, l'air ne peut circuler à l'intérieur; mais, si l'excès d'eau disparaît, l'air, qui est plus subtil que l'eau, pénètre dans les vides qu'occupait ce liquide.

L'air stagnant tue, venons-nous de dire, et l'air qui

circule, qui se renouvelle, entretient la vie des animaux comme celle des plantes. C'est donc encore un des bienfaits du drainage que de rendre la circulation de l'air possible dans une couche de terre d'une assez grande épaisseur. Vous savez qu'à une certaine époque de l'année, l'air a une chaleur de 20 à 25 degrés. Vous comprendrez donc aisément quel effet il doit produire sur les racines des plantes, quand il peut pénétrer dans toutes les parties du sol qui les alimentent. Les eaux de pluies, si riches en principes fertilisants, surtout au moment des orages chauds, pouvant s'infiltrer dans la terre au fur et à mesure qu'elles tombent, ne perdent rien de leur richesse ; aussi fécondent-elles le sol drainé, à un haut degré, et font-elles éprouver très-promptement, aux plantes, un développement remarquable.

Vous savez que dans certaines contrées où les terres sont dites froides, ou fortes, ou fraîches, les moissons se font quelquefois si tard que l'on perd malheureusement une grande partie de la récolte. C'est une calamité, mes enfants, qui peut décourager l'homme le plus religieux, le plus fort. Le drainage avance la maturité. Dans un champ drainé, le blé est toujours mûr au moins huit jours avant le blé semé dans les champs voisins, où il n'a pas été pratiqué de mesure d'assainissement.

N'est-ce pas là un résultat que l'on doit s'efforcer d'atteindre ? En admettant qu'il fût le seul, ne serait-il pas de nature à faire aimer le drainage?

Puis, enfin, en drainant les terres humides, en asséchant les marais, on assainit le climat; on chasse pour toujours ces vilaines fièvres qui ont fait périr tant de malheureux dans les vallées que le Gouvernement, que des hommes généreux veulent fertiliser, en donnant ainsi du pain à ceux qui en manquent encore trop souvent, et en rendant saines toutes les parties de notre belle France.

Voulez-vous savoir l'effet que peuvent produire les eaux stagnantes dans les marais? Il a été tel, à une certaine époque, que les populations décimées par les fièvres qu'occasionne toujours l'existence des marais, attribuaient ces maladies à l'être imaginaire que vous voyez représenté au commencement de ce petit Traité, et auquel on a donné le nom de Cocadrille.

Voici ce qu'on lit à ce sujet, dans l'*Illustration*, 1852, page 269 (1) :

« La Cocadrille, bien connue au moyen-âge,
» existe encore dans les ruines des vieux manoirs.

(1) Je dois à l'obligeance de M. Paulin, directeur de cette remarquable publication, l'autorisation de reproduire les lignes si intéressantes de l'auteur des *Visions de la Nuit*, qui concernent la Cocadrille, et la gravure qui la représente.

Je suis heureux, à cette occasion, de pouvoir offrir mes biens sincères remerciments à M. Paulin, pour son obligeance.

» Elle erre sur ces ruines la nuit, et se tient cachée
» le jour dans la vase et les roseaux. Si on l'a-
» perçoit, alors, on ne s'en méfie point, car elle a
» la mine d'un petit lézard; mais ceux qui la con-
» naissent ne s'y trompent guère, et annoncent de
» grandes maladies dans l'endroit, si on ne réussit
» à la tuer avant qu'elle ait vomi son venin. Cela
» est plus facile à dire qu'à faire. Elle est à l'é-
» preuve de la balle et du boulet, et, prenant des
» proportions effrayantes d'une nuit à l'autre, elle
» répand la peste dans tous les endroits où elle
» passe. Le mieux est de la faire mourir de faim,
» ou de la dégoûter du lieu qu'elle habite, en des-
» séchant les fossés et les marais à eaux croupis-
» santes. La maladie s'en va avec elle. »

Si déjà il est hors de doute, pour vous, que le drainage est applicable aux terrains dans lesquels il se produit des crevasses, en été, il existe d'autres indices de nature à faire reconnaître quelles sont les terres à assainir. Les plantes, par exemple, offrent un moyen certain d'apprécier la nature d'un terrain quelconque.

Dans les terres en labour, la présence du muscari, du pas-d'âne, de l'arrête-bœuf, de la sauge, de la sanve blanche, de la queue de renard, de la traînasse ou cochonette, de l'ornithogale, de la renouée, de la matricaire ou camomille, de la persicaire, de l'agrostis ou épi de vent, est une preuve de l'imperméabilité du sous-sol.

Les renouées, les prêles, les cochonettes, les

menthes ou baume sauvage, les narcisses, dénotent toujours l'existence d'une nappe d'eau souterraine plus ou moins abondante, ou, du moins, indiquent que le sous-sol est saturé d'eau. Dans les prairies, les laiches de toute espèce, les scrophulaires ou bétoines d'eau, les iris-pseudo-acorus ou glayeuls des marais, les joncs, les renoncules âcres ou grenouillettes, les rhinantes ou crêtes-de-coq, le colchique d'automne ou tue-chien, les choins, les scirpes, le souchet, la linaigrette et l'orchis-latifolia, ne laissent aucun doute sur la nécessité du drainage, mais du drainage aussi profond que possible.

Les racines de joncs, descendant à plus d'un mètre, si on n'abaisse pas suffisamment la nappe d'eau, qui les nourrit, elles seront peut-être moins abondantes, mais elles ne disparaîtront pas complétement.

« Les sables à sol mince ou à sous-sol imper» méable, » dit M. Lefort, inspecteur-général de l'agriculture, « sont très-ingrats; trop sèches l'été, » se gonflant et déchaussant par la gelée, tombant » en bouillie au dégel, telles sont certaines terres » de nos contrées, où le bois même n'a aucune » chance de succès. » Ces faits, que vos parents ont pu remarquer, ne permettent pas d'hésiter un seul instant sur le parti à prendre dans les terrains semblables, si on veut en obtenir de bons produits.

Nous avons trouvé, chez M. de Chezelles, près

de son château de Faillouël, des sables très-humides, au-dessus d'une puissante couche de pierre à chaux. Celle du sable n'a pas moins de 7 à 8 mètres; et cependant, à 1m 30, l'eau qui arrive dans les trous de sonde, claire et limpide, y séjourne comme dans les argiles les plus compactes.

Voilà les questions capitales dont j'avais à vous entretenir, surtout et avant toutes choses.

CHAPITRE II.

ÉTUDES PRÉLIMINAIRES DU TERRAIN. — EXAMEN DES CONSIDÉRATIONS QUI DOIVENT GUIDER L'AUTEUR D'UN PROJET. — DISCUSSION DE QUELQUES EFFETS CONSTATÉS PAR LES DRAINEURS, CONTESTÉS PAR QUELQUES PERSONNES.

Avant d'effectuer le drainage, il y a une étude sérieuse à faire. Il faut, d'abord, s'assurer de la nature du sol, et, ensuite, des moyens de procurer un libre cours aux eaux que l'on désire évacuer. Il serait peut-être difficile de trouver, en Europe, deux hectares de terrain exactement de même nature : il n'est donc possible d'établir de règles fixes, ni sous le rapport de la profondeur des tranchées, ni sous le rapport des distances à ménager entre elles, ni au point de vue de la pente à donner aux drains.

On a pensé, à tort, que, dans les terres très-compactes, il fallait creuser les drains à peu de profondeur; on donnait pour raison de cette opinion la difficulté que doivent éprouver les eaux à traverser surtout les argiles grasses, terres à pots, à carreaux et à tuiles.

C'est précisément dans cette espèce de terrains qu'il faut aller à la plus grande profondeur; c'est principalement aux terrains brûlants qu'il faut appliquer le drainage.

M. de Vigneral, qui avait vu l'eau couler dans les drains creusés dans des glaises, à une grande profondeur, disait : « Je ne sais pas comment cela » se fait; ce que je puis affirmer, c'est que le ré- » sultat se produit. »

A Frières, chez M. de Chezelles, nous avons pratiqué des sondes dans un terrain dont le sous-sol était composé d'argile grasse, que l'on appelle *glaise*. A une profondeur de 1 mètre, nous trouvions bien des traces évidentes d'humidité, mais il n'y avait pas *d'eau claire*. A 1m 40, l'eau suintait des parois, pendant la fouille; six heures après, il y avait plusieurs centimètres d'eau claire dans le fond de l'excavation. Donc, il faut aller dans les terres glaiseuses, à une assez grande profondeur, si l'on veut obtenir des résultats. Donc, aussi, l'eau traverse facilement cette nature de terre.

Il n'y a pas, par conséquent, de terrains complétement imperméables. On peut conclure de là que s'il ne tombait que de moyennes pluies, de temps en temps, la plupart des terres pourraient toujours être labourées et ensemencées; mais il tombe annuellement assez d'eau, je le répète, pour former une couche de 0,65 d'épaisseur sur toute la surface de la terre, et quand un terrain n'est bien perméable que sur 0,15 à 0,20 de profondeur, il est certain qu'il se trouve saturé d'eau, en hiver, sept années sur dix; qu'il devient dur, sec et brûlant quand arrivent les fortes chaleurs de l'été, et que, dès lors, il n'est pas aussi productif qu'il devrait l'être s'il était placé dans d'autres conditions.

Vos parents vous diront, comme tout le monde, que, à quelques exceptions près, les sols poreux, c'est-à-dire *qui boivent bien l'eau*, sont fertiles, tandis que les sols très-compactes, ou peu perméables, sont, sinon complétement stériles, du moins très-difficiles à cultiver; mais on ne comprend pas aussi bien que si l'épuisement de l'eau, nuisible à la végétation et aux travaux agricoles, est l'effet immédiat du drainage, le principal avantage de cette opération est d'ameublir, de réchauffer et d'aérer les sols compactes. C'est ce qui a amené un assez grand nombre de personnes à penser que le drainage n'était guère applicable que dans les marais. C'est une erreur qu'il importe de faire cesser.

CHAPITRE III.

EXÉCUTION DES TRAVAUX PROPREMENT DITS.

PREMIÈRE PARTIE.

Espacement des drains.

La question d'espacement des drains a été l'objet de longues et sérieuses études. Ainsi que pour la profondeur à donner aux tranchées, il s'est produit des opinions bien divergentes. Toutefois, le drainage profond l'a définitivement emporté, et il ne pouvait en être autrement.

Voici un tableau qui prouve que plus les tranchées ont de profondeur, plus la masse de terre assainie est considérable :

Profondeur des tranchées.	Distance entre les tranchées.	Masse de sol desséché par 40 ares.	Masse de sol desséché pour 0,10c en mètres cubes.	Superficie de sol desséché pour 0,10c en mètres carrés.
0m 66	8m 60	3,226m 500	4m 10	6m 27
1m 00	11m 50	4,840m 000	8m 93	8m 93
1m 20	16m 66	6,453m 000	12m 00	8m 96

Les figures n°s 1, 2 et 3 ci-contre, permettront d'apprécier l'exactitude de ces calculs. Nous dirons, pour rendre justice à qui de droit, que c'est à l'honorable M. Moll, professeur d'agriculture au Conservatoire, que nous devons l'idée de cette démonstration.

Plus on aura d'espacement, moins le chiffre de la dépense sera élevé.

En effet, si dans un hectare de terrain on espace les drains de 8 mètres, on en creusera douze à 0,72 de profondeur, ce qui donnera un développement de 1,200 mètres courants de tranchées. En les écartant à 12 mètres, il suffirait d'en creuser huit à 0,78 de profondeur, ce qui donnerait 800 mètres courants de drains ; en les plaçant à 16 mètres, avec une profondeur de 0,84, six seulement suffiraient pour l'entier assainissement de cet hectare de terrain, et le développement des drains ne serait plus que de 600 mètres.

Plus l'espacement est considérable, plus il y a d'eau à réunir dans les mêmes drains ; plus elle y arrive difficilement, parce qu'il y a une couche de terre plus épaisse à traverser. On comprend qu'il faut, dans ce cas, donner aux eaux une pente plus forte. En fixer la limite d'une manière certaine, ne serait pas chose aisée. Mais, si pour une distance de 6 mètres, à partir du point de partage des eaux, on donne une pente de 0,06 par mètre, c'est-à-dire, une profondeur de 0,96 aux drains, et pour un écartement de 8 mètres, une pente de 0,08

Fig. 1.

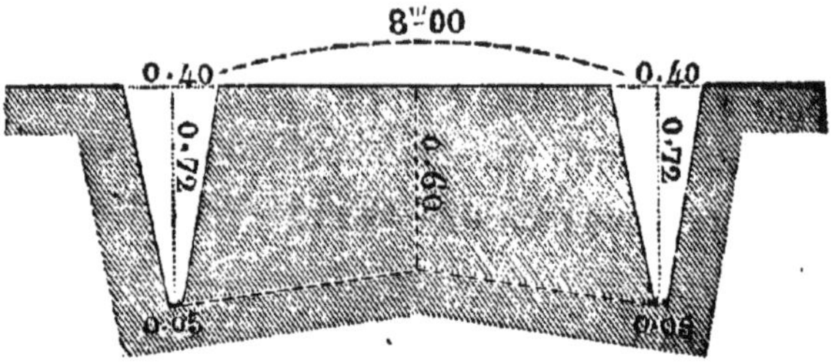

8m00
0.40 0.40
0.72 0.60 0.72
0.05 0.05

Fig. 3.

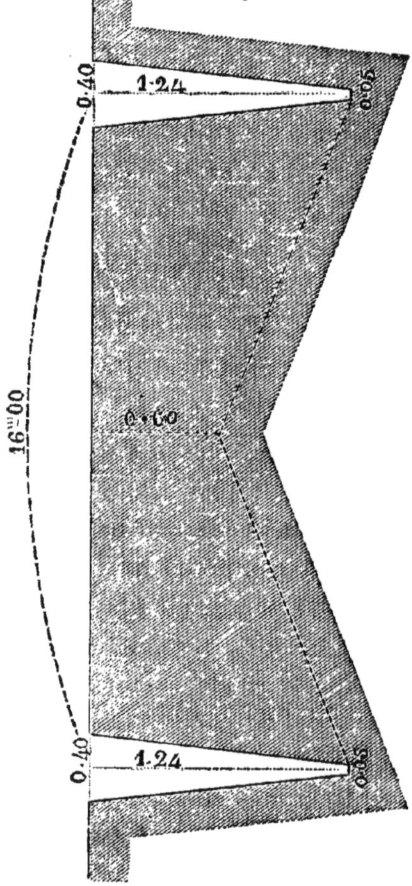

0.40 1.24 0.05
16m00
0.60
0.40 1.24 0.05

Fig. 2.

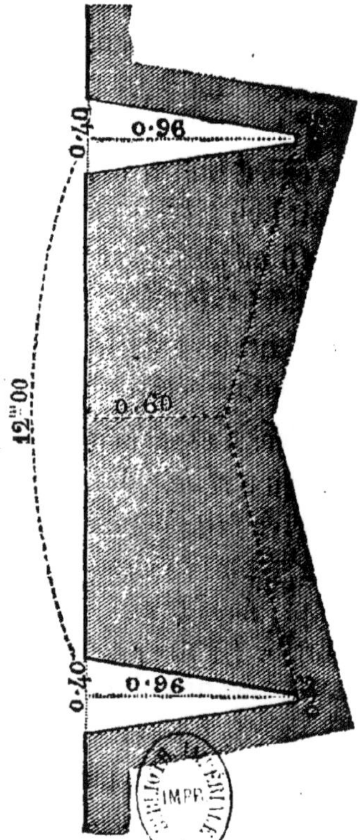

0.40 0.96
12m00
0.60
0.40 0.96

ou 1,24 de profondeur, on sera fondé à conclure que si les terres sont dans des circonstances absolument semblables, les eaux s'écouleront plus facilement qu'à une distance de 4 mètres, avec une pente de 0,03 seulement. De là peuvent résulter des économies relativement considérables qui devront faire préférer le drainage profond, au drainage superficiel.

En effet, dans un hectare de terrain, un drainage exécuté, comme l'indique la fig. 1re, page 24, c'est-à-dire, à une profondeur de 0m 72, avec un espacement de 8 mètres, pourra être évalué ainsi que le prouvent les calculs ci-dessous, à 234 fr. 05c.

1200m courants de fouille à 0f 07 (minimum du prix), coûteront............	84f 00
1200 mètres courants de remplissage à 0f 02...........................	24 00
3420 tuyaux à 21f 50 le mille........	73 53
Approche et placement des tuyaux et des tuileaux à 0,025.................	30 00
Charge et transport de ces tuyaux, à 6f le mille, dans un rayon de 24k......	20 52
Tuileaux pour 1200m..............	2 00
Total................	234f 05

Pour une profondeur de 0m 96 et un espacement de 12 mètres, on peut établir ainsi le prix de revient :

800^m courants de fouille à 0^f 10 l'un, donnent	80^f 00
800^m courants de remplissage à 0^f 025.	20 00
2290 tuyaux à 21^f 50 le mille	50 24
Placement des tuyaux et des tuileaux à 0,025	20 00
Transport des tuyaux à 6^f le mille, dans un rayon de 24 kilomètres	13 74
Tuileaux pour 800^m	1 33
Total	185^f 31

Avec une profondeur de 1^m 24 et une distance de 16 mètres, la même opération coûterait seulement, savoir :

600^m courants de fouille, à 0^f 13, ci	78^f 00
600^m courants de remplissage, à 0^f 05.	18 00
1710 tuyaux à 21^f 50 le mille	36 77
Placement des tuyaux et tuileaux, à 0,025	15 00
Transport des tuyaux, à 6^f le mille, dans un rayon de 24^k	10 26
Tuileaux pour 600^m	1 00
Total	159^f 03

Une économie de 31 p. 100 entre le drainage profond et le drainage superficiel, est évidemment trop grande, pour ne pas attirer l'attention des cultivateurs sur ce point et leur faire préférer le drainage profond, à grand espacement, au drainage superficiel.

Toutefois, il ne faut pas perdre de vue que tous ces principes, appliqués d'une manière absolue, sans se préoccuper tout particulièrement de la nature des terrains à drainer, donneraient lieu à de fâcheux mécomptes.

Il faut adopter le système, sans hésiter ; mais, on doit en modifier l'application, suivant les circonstances dans lesquelles on peut se trouver. Si le drainage profond est toujours efficace, il y a très-certainement des cas où il n'est pas indispensable ; c'est quand le sous-sol est composé d'argile rouge ou brune, empâtant des silex, appelée, dans certaines contrées, *cauchin*.

Quand on a à opérer dans des terrains de cette nature où la fouille, à une grande profondeur, présente de sérieuses difficultés, il peut paraître suffisant de pratiquer des drains de 0,70 ou 0,75 de profondeur, avec espacement de six à huit mètres ; mais, il faut compléter le drainage, par un labour profond, au moyen de la charrue fouilleuse.

A propos de labour profond, je désire, mes enfants, appeler toute votre attention sur une remarque que vos parents ont faite bien souvent, et qui ne vous échappera pas à l'avenir, si déjà vous ne l'avez faite vous-même. Je veux parler de l'effet que produit la gelée, sur les nouvelles plantations dans les bois, sur les jeunes blés dans nos champs, quand le sol est d'une nature forte, grasse ou froide.

Les racines des plantes *se déchaussent*, meurent très-souvent après le dégel, ou subissent du moins une grave altération qui peut compromettre la récolte de toute une contrée. (*Voir page* 18.)

Pour bien comprendre ce fâcheux effet de la gelée, il vous suffira d'abord de savoir, qu'en se congelant, l'eau augmente, en volume, de 1/13e environ, ou 0,08mes, — cause qui fait casser les vases où on laisse de l'eau quand il gèle, — et, ensuite, de vous rappeler que les terres que l'on dit fortes, froides ou grasses, ne sont généralement telles qu'eu égard à leur avidité pour l'eau, à la malheureuse propriété qu'elles ont de la retenir.

Cette eau que nous ne voyons pas, mais qui, comme vous le savez, n'en existe pas moins, saisie par la gelée, augmentant, par suite, de volume, ainsi que nous venons de le dire, détermine dans la terre des fissures ou crevasses dans tous les sens. Tant que le froid continue, les parties, quoique crevassées, restant unies par la glace qui les cimente, le sol se trouve dans un état qui n'affecte pas les racines. Mais au dégel, la terre, soulevée, ou mieux, gonflée, retombe en bouillie, si elle est d'une nature très-humide et si la gelée a peu duré, en poussière, si, au contraire, la gelée a été longue et si les rayons du soleil ont eu quelque force pendant le jour, le pied de la plante reste alors *à nu*, ce que l'on exprime en disant qu'elle est *déchaussée*.

Je suis heureux de pouvoir citer à l'appui de ce qui précède, le fait suivant qui m'a été affirmé par deux hommes en qui j'ai pleine et entière confiance, M. Couverchel, maire d'Achy, vice-président de la

Société d'agriculture de Beauvais, et M. Herbé, qui m'a remplacé comme membre du Conseil d'administration de l'Association de drainage :

« La gelée, dans les terres humides, produit les effets suivants sur les plantes fourragères, notamment sur la luzerne, le sainfoin et le trèfle, principalement la première année :

» Le premier jour de gelée, la terre se gonfle ou monte de 0,01 à 0,03 ; le dégel fait descendre la terre de moitié, au moins. Si la gelée continue quelques jours, elle finit par laisser la racine à nu sur 0,10 à 0,12 de hauteur.

» Exposée dès lors aux influences de l'air, la racine, si elle ne meurt, souffre de faim et de soif, du froid et de la chaleur, et ne donne, par cela même, que fort peu de produits.

» Le drainage, fait convenablement, doit parer à cet inconvénient. »

Donc, le drainage et le labour profond sont deux bonnes opérations qui doivent toujours marcher de pair.

Voici, au reste, des résultats obtenus par M. Vandercolme, propriétaire à Dunkerque, qui ne laissent rien à désirer :

Produits, par hectare, dans des Terres de même nature.

	Rendement.
Non drainées	17 hectol.
Drainées, mais non labourées avec fouilleuse	22
Drainées et labourées avec fouilleuse	27

Comme je tiens ces détails de cet agriculteur distingué, qui les a également communiqués à notre honorable Préfet, son ami, nous devons les regarder comme certains.

Nous avons fait drainer avec succès, chez M. de Mouchy, à Noailles, à des profondeurs variant entre 1,20 et 1,75, et à distance de 12 à 27 mètres.

Dans Seine-et-Marne, M. de Cauville a espacé quelques-uns de ses drains à 100 mètres de distance, en leur donnant 2m 50 de profondeur.

M. Thery, de Grugies (Aisne), a obtenu une médaille de vermeil du comice de Saint-Quentin, pour avoir drainé à 25 mètres de distance, en donnant seulement 1m 20 de profondeur à ses tranchées.

M. de Chezelles a drainé à 16 mètres et à 1m 40, à Frières, dans des terres où l'argile plastique se trouve à 0,50 de la surface du sol, et il a obtenu de bons résultats.

M. Jacquemard, propriétaire à Quessy, près La Fère, a drainé à 16 mètres et à 1m 35 ; quarante-huit heures après l'opération, l'eau avait baissé de 0,60 dans les fossés qu'il avait fait ouvrir entre les drains.

Je vous conseille, mes enfants, de vous livrer à cette expérience, en pratiquant dans l'intervalle de vos drains des sondes qui vous permettront de juger par vous-mêmes du résultat qui se produira ainsi à vue d'œil.

En résumé, des tranchées de 1^m35 à 1^m50 de profondeur, avec espacement de 15 à 25 mètres, suffiront presque toujours, principalement dans des terres de bois, sur les grès moyens, pour assainir complétement le terrain.

CHAPITRE IV.

SUITE DE L'EXÉCUTION DES TRAVAUX PROPREMENT DITS.

DEUXIÈME PARTIE.

Ire Section.

Opérations préliminaires.

Il nous reste à parler de l'exécution des travaux proprement dits, des soins à prendre avant, pendant et après l'opération.

Quand la pente du terrain est assez forte, on peut, à la rigueur, se dispenser de le niveler; mais, c'est une exception. Le nivellement est une excellente précaution.

Le plan est presque toujours indispensable. Un bon projet de drainage de quelque importance, ne doit être établi que sur des données que fournit le plan des lieux, et le nivellement qui permet seul d'avoir le relief exact du terrain.

Vous comprendrez aisément qu'il faut toujours agir de manière à pouvoir, *sans se tromper*, diriger les drains dans la direction des plus grandes pentes.

Une fois le tracé effectué, on peut procéder à l'ouverture des tranchées; mais, si on tient à se rendre compte des difficultés que peut offrir l'exécution des travaux, il faut pratiquer des sondages, sur un grand nombre de points, à une profondeur de 1,10 à 1,60, suivant la pente plus ou moins prononcée du terrain. Ces sondages permettront de reconnaître exactement la nature du sol, la profondeur à laquelle se trouvent les nappes souterraines, s'il en existe, l'abondance des eaux, enfin, dont le sol est saturé.

Le temps qu'emploie un ouvrier, à terminer une de ces opérations, peut servir, d'ailleurs, à l'évaluation très-approximative de la dépense, pour peu que les trous soient creusés dans toutes les parties du terrain à drainer. On se rend compte, en même temps, des moyens d'écoulement auxquels on peut recourir. On sait immédiatement s'il faudra se procurer des petits ou des moyens tuyaux. On se trouve à même, en outre, de prendre toutes les précautions nécessaires pour exécuter convenablement le drainage.

CHAPITRE V.

2e Section.

Exécution des travaux.

Nos ouvriers ont un cordeau qu'ils placent de chaque côté du drain, de 0,20 à 0,225 de la ligne d'axe. A l'aide de ce guide, ils font, ce qu'ils appellent, le *ciselement*, opération qui s'exécute à la bèche ordinaire, et qui consiste à pratiquer, de chaque côté des drains, une coupure de 0,15 à 0,20, qui permet ensuite d'ouvrir assez facilement la première partie de la tranchée dans la forme indiquée page 24, fig. 1, 2 et 3. Quelques draineurs émérites recommandent l'emploi d'une espèce de fourche en fer, pour enlever les gazons des herbages et des prairies. Nous n'avons jamais fait l'essai de cet instrument; mais, nous pensons qu'il y a des circonstances où il permettrait d'exécuter plus de travaux, que la bèche ordinaire.

Comme nous donnons toujours, à nos ouvriers, un *gabarit* en bois, dont la forme indique exactement celle que doit avoir le drain, ils ne sont jamais embarrassés sur le point de savoir de quel outil ils doivent se servir.

Les instruments que l'on emploie pour faire

les tranchées, doivent être légèrement creux; s'ils avaient une autre forme, ils ne serviraient guère qu'à remuer la terre, quand il importe beaucoup d'en enlever le plus possible, en même temps qu'on la fouille.

Dans certains terrains, dans les argiles compactes, homogènes, c'est-à-dire, de même nature, on emploie avec avantage l'instrument indiqué figures 4 et 5, dont se servent les draineurs anglais. Pour peu que l'on ait soin de faire des coupures le long des parois, comme cela a eu lieu dans la partie supérieure, ce qui est extrêmement simple, on va à une très-grande profondeur, sans éprouver la moindre difficulté. Pour des ouvriers très intelligents, cet instrument, seul, suffit toujours dans les terrains qui offrent quelque consistance. Il a quelquefois, d'ailleurs, la force nécessaire pour vaincre la résistance que présente le *bief* et même le *cauchin* (1). C'est, cependant,

Fig. 4. Fig. 5.

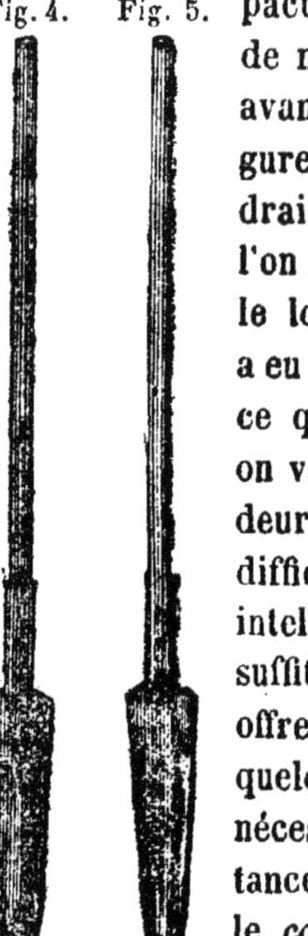

(1) On appelle *bief*, l'argile grasse, souvent mêlée d'une certaine quantité de sable; le *cauchin* est de l'argile ferrugineuse dans laquelle se trouvent des silex de la craie, en plus ou moins grande quantité.

une lame plate en dessous, triangulaire en dessus, légèrement courbée dans le sens longitudinal et emmanchée au moyen d'une forte douille. Comme elle n'a que 0,06 à 0,07 de largeur dans le haut, et 0,05 à 0,055 dans le bas, on l'emploie trois fois dans les parties du drain qui a 0,18 à la base supérieure et 0,12 à la base inférieure, et deux fois dans le haut de la dernière; il suffit quelquefois d'une seule, dans le fond des drains. L'écope, curette ou *warigus*, à long manche, est destinée à enlever les terres restées dans les tranchées; nous en donnerons la figure à l'article *Outillage spécial.*

Nous avons supposé, dans l'exécution des travaux que nous venons d'exposer, une terre meuble, facile à *manier*. Mais, il ne faut pas se faire d'illusion sur les opérations de drainage qui offrent, en général, de très-grandes difficultés, dans le creusement des tranchées. On rencontre, tantôt une argile pure, empâtant des rognons de silex; tantôt une glaise onctueuse renfermant des bancs coquilliers; tantôt de larges pierres, dans les grès calcaires; tantôt, une argile siliceuse, avec mélange de fragments de meulière. Alors, ce n'est plus à la bèche ordinaire ni à la bèche anglaise, qu'il faut avoir recours, pour le creusement des drains; quand le fond des tranchées ne peut être creusé ni avec l'une ni avec l'autre, il faut se servir d'une forte pioche ou d'un hoyau, dans le premier et le dernier cas; dans le second, d'une bèche légère, en bois de hêtre, ayant la forme d'un V, et avoir, près de soi, un vase rempli d'eau, pour y tremper, de temps en temps, cet instrument qui, sans cette précaution, ne ferait que déchirer la glaise, par la raison qu'il se trouverait bientôt enduit de la même matière, de telle sorte qu'on ne pourrait l'employer longtemps sans éprouver de grandes difficultés.

Fig. 6.

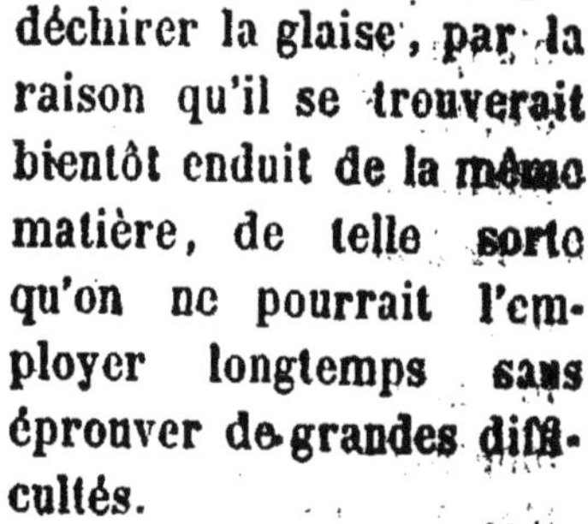

On fait usage, avant le placement des tuyaux, de l'instrument demi-cylindrique représenté à la figure 6. Cet instrument, garni d'une forte plaque de fer en dessous, permet de donner au fond des tranchées, une forme assez régulière pour qu'il soit possible de placer les tuyaux, de manière à ce qu'ils portent partout et qu'ils ne puissent par conséquent se déranger.

Dans les terres complétement glaiseuses, il est prudent d'employer des manchons (une partie d'un tuyau divisé en quatre sections), ou du moins des demi-manchons (manchon coupé en deux et formant une espèce de faîtière), afin que le tassement, qui s'opère successivement après le remplissage des drains, ne retarde pas l'effet que doit produire nécessairement le drainage.

CHAPITRE VI.

3e Section.

Précautions à prendre dans l'exécution des travaux; moyen de prévenir les éboulements.

Si les terres compactes présentent de grandes difficultés dans l'exécution des travaux, les terres meubles causent aussi de sérieux embarras, par suite des éboulements qui s'y produisent.

Lorsque l'on rencontre des sables, il faut que les drains commencés le matin, soient terminés le soir, et que les tuyaux y soient placés immédiatement.

Dans ces circonstances exceptionnelles, l'emploi des demi-manchons, est presque toujours indispensable, quand on peut s'en procurer. Il faut prendre de très-grandes précautions pour couvrir les joints des tuyaux au-dessus desquels il est utile de placer une couche de paille de seigle ou d'avoine, après avoir établi en tête de chaque ligne de tuyaux, une espèce de barrage en pierres sèches, afin que le sable charrié par les eaux venant des parties supérieures au terrain que l'on draine, ne puisse engorger les drains.

Dans les terrains tourbeux, ou boueux, ou liquides, on a recours, exceptionnellement, à l'emploi des voliges d'aune, pour former l'assiette des tuyaux. Ces voliges, d'une largeur de 0,05 à 0m075, et d'une épaisseur de 0,01 au plus, se placent, soit sur des piquets, soit sur des pierres plates disposées de telle sorte qu'elles ne fléchissent pas sous le poids des tuyaux.

On nettoie, avec soin, les tranchées avec un balai de genêt ou de bouleau, avant le placement des tuyaux, et si l'on n'emploie pas de manchons, il est prudent de les couvrir de pierres ou de cailloux, sur une hauteur de 0,10 à 0,20. Plus ces matériaux sont petits, mieux vaut l'opération.

Dans certains cas, enfin, le terrain est d'une nature si molle, que la pose des tuyaux offre de très-sérieuses difficultés. Les sables mouvants, la tourbe liquide, une espèce de limon composé de différentes matières, détrempé par les eaux stagnantes et par celles qui arrivent dans les vallées, des parties supérieures adjacentes : telles sont les terres que l'on rencontre quelquefois, précisément à la profondeur où doivent être placés les tuyaux. Dans ces circonstances heureusement rares, on a besoin d'ouvriers intelligents et pleins de dévouement. Un seul instant de négligence, de découragement, d'inattention, compromettrait l'opération.

Pour prévenir les éboulements dans la tranchée, on en divise la longueur en autant de sections, qu'on peut obtenir de pentes égales à la profondeur à donner au drain. On commence la fouille à la limite séparative de la seconde section et de la troisième. On creuse à une profondeur de quelques centimètres seulement, au point de départ, et on l'augmente progressivement, de manière à arriver, à la limite de la seconde partie et de la première, à la profondeur définitive. Sur une longueur de 50, 60, 80 ou 100 mètres, suivant la pente du terrain, on obtient ainsi une tranchée, creusée, en moyenne, à 0,70 au plus, et pour laquelle il n'y a pas à craindre d'éboulements, pourvu que le sous-sol présente quelque consistance. On continue, dans la première partie, en allant à la profondeur déterminée ; on place les tuyaux, on les recouvre de $0^{m}20$ à $0^{m}25$ de terre, et l'on n'a plus nulle crainte à concevoir sur l'effet des pluies qui pourraient survenir, avant le remplissage définitif. Même travail s'exécute sur la troisième partie, en remontant vers la seconde. Dans le cas où les eaux de la partie supérieure gêneraient les ouvriers, un petit barrage les forcerait de s'écouler à droite ou à gauche.

Ainsi se trouve heureusement vaincue une des grandes difficultés du drainage, l'obligation imposée précédemment de creuser d'abord les collecteurs et de commencer les travaux par la partie la plus basse.

Fig. 7.

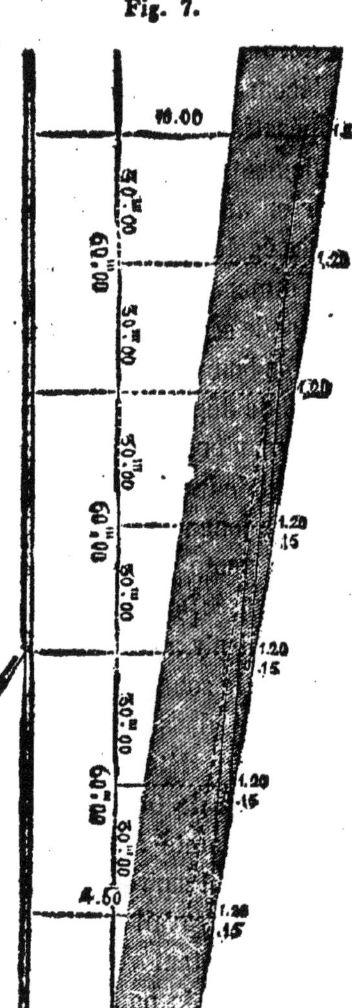

La fig. 7, ci-contre, indique exactement la coupe d'un drain creusé par application de notre système. Elle servira à faire aisément comprendre l'explication qui précède.

On apprécie mieux l'importance de ce nouveau mode d'opérer, quand on creuse des drains à une profondeur qui varie entre 0^m 70 et 1^m 20 ; mais, pour peu que l'on reconnaisse, avec nous, que la question d'espacement a fait un grand pas ; qu'elle est liée intimement à celle de la profondeur, on sera immédiatement fixé sur la nécessité de recourir à un système de nature à rendre les éboulements très-rares, pour ne pas dire impossibles.

Nous avons creusé, dans le parc de M. de Mouchy, des tranchées à 1^{m} 90 de profondeur, dans des terres de rapport, et nous avons pu y placer des tuyaux, sans avoir d'éboulements considérables à relever, circonstance très-heureuse qui n'a été que le résultat de l'application de notre système *d'à-dents*, ou mieux, de *redents*.

Quand on draine une pièce enclavée dans des terres froides, grasses ou fortes, il est indispensable d'isoler complétement cette pièce, au moyen d'un fossé de ceinture. Si l'on n'agissait pas ainsi, le terrain drainé recevrait les eaux provenant des propriétés voisines, et resterait tout aussi humide qu'avant l'opération, par suite de l'équilibre qui tend naturellement à s'établir entre deux corps qui se touchent, et dont l'un est mouillé et l'autre sec. Une fois la séparation matérielle opérée, jusqu'à une certaine profondeur, chaque partie de terrain reste dans les conditions particulières où l'ont placée les travaux de drainage.

En effet, que, par un moyen quelconque, vous rendiez parfaitement sèche une partie d'une pièce de toile ou d'étoffe quelconque; que le moyen qui vous a permis d'isoler complétement cette partie devenue sèche, cesse d'agir, l'équilibre tend à se rétablir immédiatement entre toutes les parties de la pièce, c'est-à-dire, que l'humidité gagnera le coin devenu sec, dans un temps plus ou moins long, mais assez court pour rendre sans effet, dans la pratique, l'assèchement ou le séchage obtenu difficilement.

CHAPITRE VII.

POSE DES TUYAUX.

La pose des tuyaux ne présente pas de grandes difficultés, et cependant, deux hommes sur cent, seulement, sont aptes à ce genre de travail.

Avant de poser, le contre-maître doit tasser le fond des drains ou confier ce soin à un autre lui-même. Il donne, en même temps, des ordres pour qu'un jeune homme, dont la présence dans un atelier est toujours nécessaire, range le long des drains, des tuyaux, et, suivant le cas, ou des manchons, ou des demi-manchons, ou des éclats de tuiles, ou des pierres. Un troisième ouvrier suit, par-derrière, avec la pince fig. 8, ci-contre, pour placer ou les pierres, ou les manchons, ou les demi-manchons, ou les éclats de tuiles, à la jonction des tuyaux; un quatrième jette, avec précation, quelques pelletées de terre, sur les recouvrements, afin de les *assurer*; un cinquième

Fig. 8.

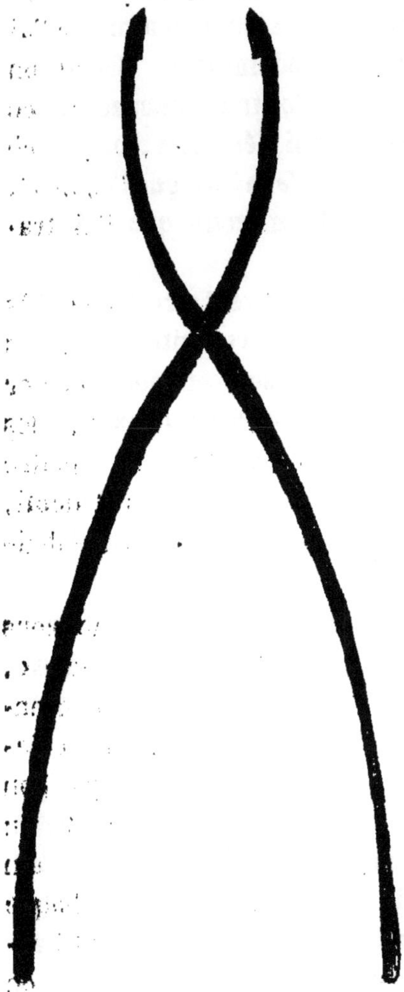

complète le remblai de la tranchée, sur une hauteur de 0m 25 à 0m 30, et un sixième, muni soit d'un pilon, soit d'un cylindre légèrement concave en dessous, tasse les terres avec soin, afin qu'elles ne se détrempent pas au moment des pluies; car, alors, changées en boue, elles finiraient par engorger les tuyaux.

Ces opérations se font en même temps, si l'on a un nombre suffisant d'hommes intelligents. Le premier tasse, le jeune homme dispose les tuyaux, en restant toujours à quelque distance du *poseur*, afin de pouvoir donner à ce dernier, les instruments dont il se trouverait avoir besoin pour *assurer* les tuyaux et les placer suivant une direction et une pente aussi régulières que possible. Le reste de l'opération s'exécute comme je l'ai indiqué précédemment. Quand on n'a pas assez d'ouvriers pour agir avec cet ensemble si désirable, on fait ce que l'on peut, *le mieux que l'on peut*, en suivant la marche que j'ai tracée.

Fig. 9.

Les tuyaux doivent être à peu près juxta-posés. Les rugosités ou rides des extrémités suffisent pour former les vides nécessaires à *la prise* des eaux, par distance de trente-quatre à trente-quatre centimètres et demi, longueur des tuyaux que nous fabriquons.

L'instrument, fig. 9, que nous employons pour la pose des tuyaux, permet d'en placer de toute grandeur ; le fort collet sert plus spécialement pour les manchons que l'on pose en même temps que les tuyaux. Chaque tuyau de la rangée disposée le long des drains, est revêtu de son manchon, et le contre-maître pose, chaque fois, un tuyau et un manchon, en introduisant l'extrémité du tuyau, restée libre, dans le manchon qui recouvre le tuyau précédent, de manière à ce que le point de jonction se trouve précisément au milieu de chaque manchon, fig. 10 et 11.

Fig. 10.

Fig. 11.

On donne au fond des tranchées, une largeur exactement égale au diamètre du tuyau que l'on doit y placer. On comprend qu'il est de toute nécessité que le système des tuyaux soit assez solidement établi pour qu'il n'y ait à craindre aucun dérangement dans les lignes, parce que si cela arrivait, les eaux rencontreraient, pour s'écouler, des obstacles qu'elles surmonteraient, mais qui auraient pour effet de retarder l'assainissement complet des terres drainées. La largeur du haut varie suivant la profondeur. Elle va de 0,40 pour 0,70, à 0,65 pour 1,60.

On a paru se préoccuper de la question de savoir s'il valait mieux remplir avec les terres provenant du fond, qu'avec celles provenant de la partie haute des parois. Quelques draineurs ont même pris la précaution de faire choisir la terre la plus argileuse pour former la première couche des remblais. Nous dirons, à cet égard, que, sauf le cas que nous indiquons à la page 53, il n'y a aucun motif sérieux de faire une distinction entre l'argile ordinaire et l'argile plastique, entre l'humus et toute autre terre que l'on peut rencontrer.

Toutefois, je me garderai toujours, avec soin, de faire tasser fortement l'argile plastique, quand je ne pourrai employer d'autre terre au remplissage du fond de la tranchée. Ma raison, la voici :

L'argile plastique, tirant son nom de sa nature de pâte tenace, il est évident que si elle est très-fortement pressée, elle prendra assez exactement la forme de la tranchée. Elle pourra donc pénétrer sur les côtés des tuyaux, *les envelopper*, pour ainsi dire, et, par cela même, empêcher les eaux, pendant quelque temps, d'arriver librement dans les tuyaux. Il est même permis d'assurer que l'eau restera stagnante, sur certains points, jusqu'au moment où l'air aura pu agir assez énergiquement pour opérer la décomposition de l'argile.

Il n'en sera jamais ainsi des terres ordinaires, et nos ouvriers l'ont si bien senti, que je ne parviendrais pas, malgré la confiance qu'ils me montrent, à obtenir d'eux, qu'en mon absence, le remplissage du fond se fît avec de l'argile plastique, comme nous en trouvons souvent.

Un bon ouvrier peut poser cinq cents tuyaux, dans une heure. Il est bien entendu que l'emploi des manchons, est une mesure tout-à-fait exceptionnelle.

CHAPITRE VIII.

CUISSON DES TUYAUX, IMPORTANCE DE CETTE OPÉRATION.

La cuisson des tuyaux est une chose fort importante; nulle part on n'y fait assez d'attention. Aussi, est-il à craindre que, dans quelques années, des terres drainées avec les tuyaux livrés par beaucoup de fabricants, ne se trouvent presque aussi humides qu'avant l'opération.

Si cette opinion est partagée par plusieurs personnes qui s'occupent sérieusement de la question, je dois dire que le doute n'est pas permis, en présence de l'état dans lequel nous avons trouvé des tuyaux d'embouchure, décomposés, un an seulement, après l'achèvement des travaux.

Je résumerai comme il suit tout ce que je pense à cet égard : Je préférerais, de beaucoup, l'ancien système de fascines ou de pierrailles, bien appliqué, au système actuel, avec des tuyaux comme j'en ai vu, sur cinq ou six points différents, en France et en Belgique.

CHAPITRE IX.

MOYENS DE RÉDUIRE LA DÉPENSE D'EXÉCUTION.

Dans les terrains où cela est possible, c'est-à-dire, quand le sol n'est pas trop humide, au moment où l'on commence les travaux, pour que les chevaux puissent y marcher attelés, il y a un très-grand avantage, au point de vne de la dépense et de la prompte exécution des travaux, à ouvrir les tranchées de la manière suivante :

Avec une charrue ordinaire, on trace d'abord, suivant les lignes jalonnées à l'avance, des sillons qui déterminent exactement la direction des tranchées ; puis, avec la charrue à double versoir fixe, figure 12, armée de trois coutres dont deux sont mobiles et s'espacent à volonté, suivant la dimension que l'on veut donner aux tranchées, on les ouvre à une aussi grande largeur qu'on le désire et à une profondeur de 0,30 à 0,35. Plus

Fig. 12.

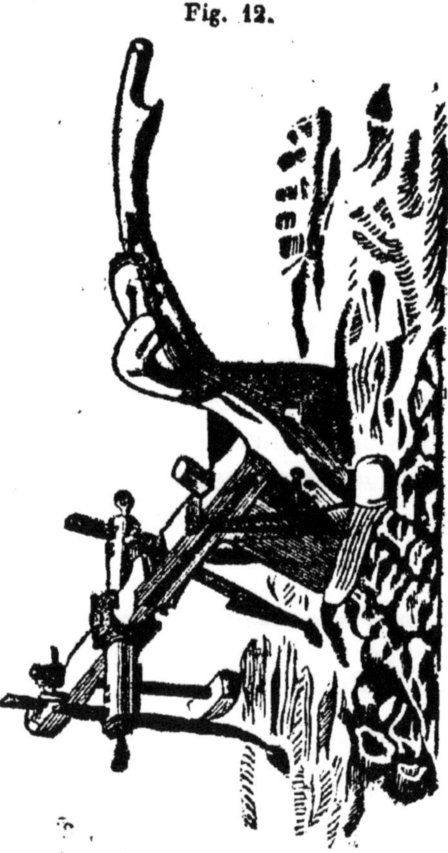

la force de traction est grande, plus grande peut être la profondeur. On comprend aisément que la nature du sol influe beaucoup sur cette dimension. Si la profondeur des drains doit être de 1m 75, *notre maximum*, on ne peut donner moins de 0,65 à l'ouverture des tranchées; si l'on veut se contenter de 1,20, 0,45 suffiront; de 1,20 à 0,70, on n'a besoin que 0,35 à 0,45. Ce qu'il faut obtenir, c'est qu'un homme, d'une grosseur ordinaire, puisse travailler au creusement du drain, sans être gêné. Une fois les fossés ouverts à la largeur que l'on juge nécessaire, on vide le sillon, en rejetant les terres à 0,15 au moins du bord des drains, afin de ne pas occasionner d'éboulements par une charge trop rapprochée de la tranchée. On se sert, ensuite, de la fouilleuse, fig. 13, ci-après, et qui a une force telle que du moment où le point d'attache est relevé, afin d'empêcher la volée de traîner sur les terres provenant du creusement des drains, on peut aller à 0,60 de profondeur, au moins, dans les terrains d'une consistance ordinaire. Après l'enlèvement des terres ameublies, les ouvriers draineurs n'ont plus à creuser qu'à une profondeur de 0,70 à 1,15, pour atteindre notre maximum de 1,75.

On remarquera que, plus on relève le point d'attache, plus on se rapproche de la direction naturelle de la traction, ce qui permet d'obtenir plus d'effet, avec la même force, ou de réduire la force, pour obtenir le même effet.

Fig. 15.

Dans une journée, une charrue attelée de six chevaux, peut creuser 5,000 mètres courants de tranchées, à $0^{m}65$ de profondeur; et, comme dans les cas ordinaires, un espacement de 15 mètres suffit, cette longueur représente près de sept hectares. En évaluant la journée de six chevaux, celle de l'homme qui les conduit et de celui qui tient la charrue, à 30 fr., ce sera une dépense de 4 fr. 50 c. par hectare ; si l'on y ajoute 0 fr. 025 pour relever une partie des terres et pour donner une forme régulière à la tranchée, on aura à payer, en sus de la somme de 4 fr. 50, ci........... 4f 50c

ce que coûtera ce travail, ci........... 16 50

En comptant ensuite 0,06 pour terminer les drains, ce qui donne, ci........... 45 00

On obtient pour dépense totale... 66 00

En y ajoutant : 1° la valeur de 2,200 tuyaux que je porterai à 70 fr., tout compris, ci.. 70f 00c

2° La pose et le remplissage d'après les moyens ordinaires, ci........... 22 50

3° La valeur des tuileaux, ci...... 3 00

Nous trouvons une dépense, par hectare, de........................... 161 50

Et avec dix hommes laborieux, bien conduits, on drainera *quinze hectares, dans trente jours.*

Si on porte l'espacement à 20 mètres, il y aura réduction de 25 p. 100; si on va jusqu'à 30 mètres, on n'aura plus à compter que 50 p. 100 de la dépense ordinaire, et comme ce cas est souvent applicable, les opérations de drainage, même dans les moyennes exploitations, reviendront à fort bon marché, si la fouille est facile.

CHAPITRE X.

REMPLISSAGE DES DRAINS.

On a dit, je le répète, qu'il fallait, autant que possible, placer, d'un côté, les terres de la couche supérieure, et, de l'autre, les terres provenant des parties inférieures des drains. La terre de la plus mauvaise qualité deviendra bonne, du moment où elle sera exposée aux influences du soleil, de l'air et de la pluie, où elle sera fumée et cultivée avec soin. Tous les hommes de progrès savent cela.

On creuse généralement les drains de 10 mètres à 20 mètres de distance, et les tranchées ont, en gueule, 0,50, en moyenne. Eh bien! je le demande, quelle influence peut exercer l'existence d'une couche de terre de qualité inférieure dans la 30ᵉ partie de la superficie d'une pièce de terre où il ne devra plus rester d'eaux stagnantes, cause principale toujours, seule cause, la plupart du temps, de l'infertilité du sol? Nul ne pourra concevoir de craintes sérieuses sous ce rapport, quand même on admettrait que le changement de nature du terrain, ne dût se faire, qu'après un délai de deux ou trois années.

Je dirai plus, c'est que toutes les fois que la partie de sous-sol qui avoisine l'humus, est composée soit d'argile compacte, soit d'argile se rapprochant de la nature des glaises, il y a avantage à mêler à cette terre, les parties sableuses que l'on rencontre souvent à une certaine profondeur.

On peut très-bien, d'ailleurs, ne pas s'astreindre à jeter toutes les bonnes terres du même côté. En effet, en plaçant les terres de la couche végétale de chaque bord de la tranchée, en partie à peu près égales, on les retrouverait, en remplissant, pour la partie supérieure du drain. Dans quelques circonstances, on rencontre au fond des drains, à 1^{m} ou 1^{m}10 du sol, des argiles effervescentes ou marneuses qui, épandues sur le sol, peuvent produire l'effet d'un marnage à petite dose. Il est bien évident que, dans ce cas, il y a avantage à ne pas rejeter au fond de la tranchée les terres qui en proviennent.

On reconnaît aisément l'existence de ces marnes, soit à la couleur, soit au peu de liaison des parties du terrain entre elles. Dans le doute, on peut en prendre des fragments, les faire fortement sécher et les éprouver au moyen de l'acide azotique (1). Si elles font effervescence, *si elles bouillonnent*, c'est qu'elles sont marneuses.

Le remplissage s'effectue très-facilement et très-promptement, au moyen d'une houe à dents, fig. 14, ci-après, pourvu que l'on attende que les terres soient délitées, désagrégées et ameublies. Un homme habitué à ces sortes de travaux peut,

(1) On trouve cet acide chez tous les pharmaciens.

dans de telles conditions, remplir 200 mètres courants dans une journée. J'ai fait, il y a fort peu de temps, une expérience qui ne permet aucun doute à cet égard.

Fig. 14.

J'avais un atelier de vingt et un hommes que j'ai surveillés et dirigés moi-même. En huit heures de travail, ils ont rempli 3,194 mètres courants de tranchées. Il m'est donc démontré, jusqu'à la plus complète évidence, que, dans une opération de drainage bien conduite, trois hommes rempliront sans peine, dans les derniers jours de février, mais plutôt encore dans le courant de mars, 600 mètres courants de drains, dans une journée, en admettant même une profondeur de 1^m 20 à 1^m 25.

Il est bien entendu que pour des profondeurs de 0^m 90 à 1^m 00, on ferait beaucoup plus; et beaucoup moins, si les tranchées étaient creusées à 1^m 60.

Il n'y a pas à tenir compte de la nature de la terre; la plus compacte doit devenir aussi meuble que la plus légère. Ce qu'il y a à faire, c'est d'attendre le moment opportun. Or, ce moment dépend presque toujours de l'époque à laquelle les travaux ont été commencés. Il faut donc savoir la choisir. Eh bien! les expériences que j'ai faites m'ont amené à poser ce principe : *Quand les terres à drainer sont très-compactes, il faut entamer l'opération en automne, la continuer pendant l'hiver, et ne remplir définitivement les tranchées que la veille du jour où les labours du printemps doivent commencer.*

Si on remplissait au fur et à mesure, si on rejetait dans les drains les terres très-humides, on s'exposerait à de *très-graves inconvénients*, en ce sens que les tuyaux pourraient se trouver engorgés par l'espèce de *boue* liquide que forme l'argile fortement détrempée, et, qu'en outre, les terres de remblai pourraient durcir et former, avec les parties inférieures des parois, un tout assez compacte pour retarder l'effet du drainage et, quelquefois même, pour le rendre moins complet.

Cette opération s'exécuterait aisément en temps opportun; elle présenterait, au contraire, de grandes difficultés, si l'on s'en occupait sans attendre le délitement des terres; mais, ce n'est pas exclusivement à ce point de vue qu'il importe de laisser, pendant le plus long temps possible, les drains remplis comme nous l'avons déjà indiqué, sur 0,25 à 0,30 de hauteur seulement. Si les terres enlevées des tranchées se délitent, se désagrègent et s'ameublissent, en restant exposées à l'action du soleil, de l'air, de la pluie, pendant longtemps, les parois des tranchées subissent très-promptement le même changement. Les pores se vident, c'est-à-dire, que l'eau s'écoule et s'évapore; l'air qui la remplace produit les effets que nous avons signalés, en disposant de proche en proche, le terrain le plus compacte à profiter successivement de l'influence de l'eau et de l'air qui, pouvant alors circuler en tous sens, donnent une nouvelle vie au sol.

Nous avons le plus grand soin de recommander à nos ouvriers chargés du premier remplissage, lequel a, comme on l'a vu, de 0,20 à 0,25 d'épaisseur, de ne jamais faire cette opération en descendant, mais bien en remontant. Plus la pente du terrain est forte, plus cette précaution est utile. En effet, les terres tendant toujours à glisser, si le plan sur lequel on les jette d'une certaine hauteur, est incliné, il arrive, si on n'y prend garde, que les pierres, les éclats de tuileaux, et même les demi-manchons que l'on emploie pour couvrir les interstices, où les joints, suivant le mouvement des terres, se déplacent, et rendent, par cela même, l'engorgement des drains toujours possible.

Dans quelques contrées, on ne met ni petites pierres, ni éclats de tuiles, ni demi-manchons sur les joints des lignes de tuyaux; on n'a pas, dès lors, à se préoccuper de la précaution que nous indiquons. Mais je considère comme très-mauvaise, une opération faite d'après ce système. Il est de toute évidence qu'il n'offre aucune garantie de durée.

Si, après l'exécution des travaux, à une époque plus ou moins éloignée de l'achèvement de l'opération, on voyait couler l'eau *trouble*, il faudrait profiter d'un jour de beau temps et, le plan, à la main, parcourir le terrain, dans le sens des drains, afin de s'assurer s'il n'existerait pas de parties *mouillantes* et des affaissements trop marqués.

Dans l'un et l'autre cas, on sonderait pour reconnaître la cause de l'effet que l'on aurait constaté, et l'on répareraít, sans difficulté, très-probablement, l'accident survenu.

CHAPITRE XI.

ENGORGEMENT DES TUYAUX.

Quand on a à drainer des terrains où se trouvent des eaux ferrugineuses, il est prudent de ne pas s'occuper de cette opération, en été. Alors, les eaux sont moins abondantes qu'en hiver, et comme elles s'écoulent difficilement par cela même qu'elles sont moins limpides, elles pourraient engorger les drains. En hiver, au contraire, elles coulent abondamment; il en résulte que l'engorgement est moins à craindre, si, surtout, la direction des tranchées se rapproche le plus possible de la ligne droite, et si la pente est assez prononcée. Il en est à peu près de même de la craie délayée qui forme des dépôts d'autant plus promptement, que l'air pénètre plus facilement dans les tuyaux et que la pente du terrain est moins forte. Il est donc presque toujours indispensable, dans certains terrains, de profiter de la mauvaise saison pour drainer.

C'est une ressource précieuse pour occuper les ouvriers, dans un moment où les travaux ordinaires manquent presque complétement. C'est un moyen de seconder les vues sages de la Providence dont les desseins sont admirables en tout.

On a beaucoup parlé de queues de renard, de racines d'arbres et de plantes ; on a même affirmé que des drains s'étaient trouvés complétement obstrués par des racines de colza, qui avaient pénétré à 1^m 50 de profondeur.

Je ne dirai pas que des racines ne puissent obstruer, à la longue, quelques mètres de tuyaux; mais, ce ne seront point des racines de colza, plante annuelle, qui pourrissent et se décomposent immédiatement après la récolte : ce ne seront pas non plus, quoiqu'on ait paru le craindre, les racines de luzerne qui tracent, il est vrai, à une grande profondeur, mais qui, mourant au contact de l'eau, ne pourraient se développer dans les tuyaux, toujours destinés à évacuer au moins la surabondance des eaux de pluie, quand il n'existe pas de nappes souterraines dans le sol.

Les racines d'arbres, qui peuvent nuire sérieusément à quelques parties de drain, sont principalement celles du frêne, de l'orme, du peuplier, et, en première ligne, de l'acacia ; mais, il ne paraît pas possible que l'effet que produirait une de ces racines, fût de nature à rendre le drainage inefficace.

Une terre drainée devient bientôt poreuse ; quand cet effet est produit, l'eau circule partout sans difficulté. Advienne un obstacle sur un point, il y aura évidemment retard dans l'écoulement ; mais, ce retard ne pourra être sensiblement nuisible aux plantes, quand même cela arriverait de 100 mètres en 100 mètres, dans tous les drains à la fois, ce qui n'est pas admissible.

CHAPITRE XII.

EXAMEN DES DIFFÉRENTS SYSTÈMES DE DRAINAGE.

Entre le drainage, à ciel ouvert, et l'opération que nous pratiquons de nos jours, il y a une infinité de systèmes qui produisent plus ou moins de résultats, mais qui prouvent d'autant plus la nécessité de drainer, qu'ils sont plus nombreux.

De tous les systèmes, *deux* nous paraissent seulement pouvoir être appliqués, à défaut de tuyaux. J'appellerai le premier *fascinage*, le second em-

pierrement. J'accorderai la préférence à l'emploi du gravier ou du silex concassé en fragments de la grosseur d'un œuf de poule; mais, dans l'un et l'autre cas, il faudrait que ces matières fussent purgées, avec le plus grand soin, de toute espèce de terre; qu'elles fussent placées avec précaution dans les drains creusés en talus de manière à empêcher des éboulements, toujours fort à craindre; que la tranchée d'une profondeur de 1m 30, s'il était possible, en fût remplie, sur une hauteur de 0,25, en moyenne, et que la terre, placée au-dessus, avec soin, sur une hauteur égale, fût pilonnée avec force, sans secousses, afin de prévenir les inconvénients que nous avons signalés, c'est-à-dire, l'engorgement des drains, par suite des pluies qui pourraient survenir avant le complet achèvement des travaux.

Si l'emploi de fragments de calcaire grossier, compacte, offre moins de garanties de durée, il ne doit pas être proscrit d'une manière absolue, comme celui de la craie qui abonde dans nos contrées.

L'espèce de poudre blanche qui couvre les parties vertes des accotements des routes, au pied des côtes, dans les terrains crayeux ou marneux, montre le danger qu'il y aurait à employer de la marne ou du calcaire tendre au remplissage des drains. Cette poudre vient, en effet, de la décomposition de la craie lavée par les eaux. Or, comme il y a toujours beaucoup d'eau dans les drains, en hiver surtout, les fragments de marne qui s'y trouveraient finiraient par se dissoudre peu à peu, comme cela arrive dans nos champs, et le résidu pourrait, à la longue, engorger les drains.

M. Gisles, maire de Valognes (Manche), qui est toujours, on peut le dire, à la piste du progrès, a drainé, en 1813, comme l'a fait M. de Gerville, à Tocqueville, en 1804, avec des fascines. L'opération a parfaitement réussi; le terrain est encore aujourd'hui dans d'excellentes conditions. Un drainage avec fascines peut donc durer plus de quarante ans. Mais il faut faire les drains les plus étroits possibles, et ne leur donner au fond que 4 à 5 centimètres de largeur, comme l'indique la fig. 15.

Fig. 15.

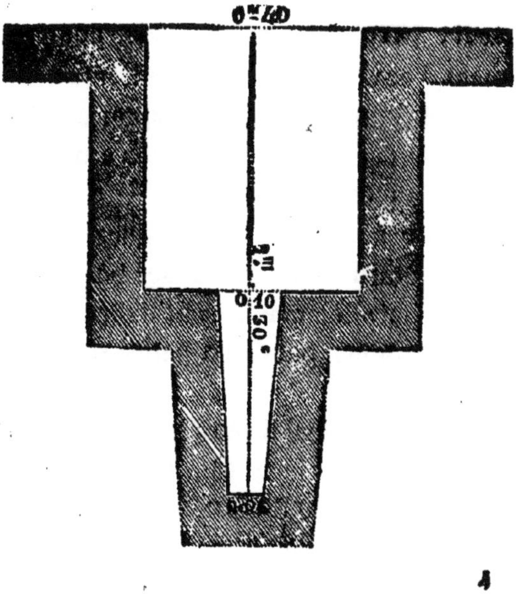

L'eau réunie en un seul filet, y coule avec plus de force que si elle se répandait en nappe dans une largeur plus grande.

La fascine se fait avec des menus branchages de n'importe quel bois; quand elle est détruite, la terre se trouve prise en voûte, au-dessus; c'est encore là un avantage capital de faire la coupure fort étroite.

La grosseur de la fascine doit être telle qu'elle n'entre que de force dans cette petite tranchée. Avant de remplir l'ouverture du dessus, on met sur la fascine une petite couche de paille, des joncs ou des genêts destinés à empêcher la terre fine d'engorger le creux.

Il faut lier assez fortement les fascines pour que les terres ne puissent passer entre les parties qui les composent, parce qu'elles doivent, pour remplir exactement l'ouverture des drains, être chassées avec force et permettre de ménager en dessous un vide qui suffise à l'évacuation des eaux, quelque abondantes qu'elles puissent être.

Pour serrer nos fascines, quelques-uns de nos ouvriers ont établi deux pièces de bois équarries qui, placées parallèlement, sont fixées entre elles, dans cette position, par deux petites traverses en bois rond.

Sur l'axe longitudinal et vers le milieu de chacune des deux principales pièces, fig. 16, ci-après, deux chevilles en bois de 0,30 à 0,40 de longueur, sont établies à 0,12 de distance au plus et respectivement un peu inclinées vers l'extrémité de ces deux madriers ; d'autres ont employé le moyen qui

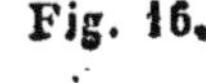

Fig. 16.

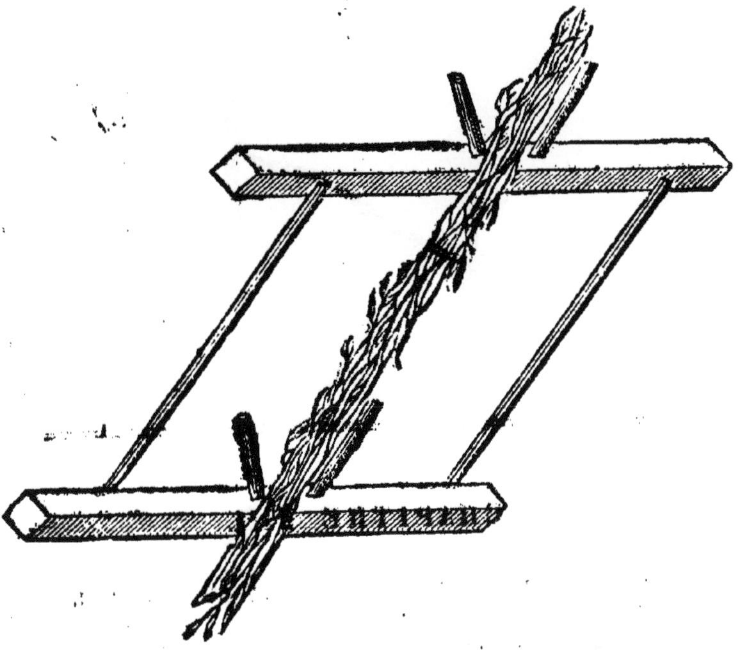

consiste à placer les branchages destinés à former la fascine, entre deux rangs de piquets croisés, fig. 17, et à les serrer ensuite au moyen d'une corde

Fig. 17.

nouée à deux bâtons, appelée *garot* ou *liûre*, fig. 18, afin de pouvoir les lier facilement à la grosseur voulue.

Fig. 18.

CHAPITRE XIII.

ÉVACUATION DES EAUX PROVENANT DU DRAINAGE.

On a exprimé des craintes au sujet de l'évacuation des eaux, au moyen de puisards qu'il faut nécessairement creuser dans le terrain que l'on veut drainer, quand il n'y a pas de fossé de décharge, ou quand la pente est presque nulle. On a pensé que l'air ne pouvant pas pénétrer aussi abondamment dans les tuyaux, la terre profiterait beaucoup moins de l'effet des influences atmosphériques.

Il est évident que, si, comme nous l'avons déjà dit, l'air circule dans le sol et dans le sous-sol, la végétation sera plus active ; mais, rien ne prouve que le système des puisards s'oppose à la circulation de l'air, dans les terrains drainés. Si on en doutait, il suffirait d'établir *un regard* (1) ou deux sur le collecteur général, à quelques mètres du puisard.

Pour que ces regards pussent présenter toute la solidité désirable, il serait bon de faire une certaine longueur de drains collecteurs, en maçonnerie, avec un radier sur lequel coulerait l'eau.

On peut creuser les puisards ou *puits absorbants*, ou *boit-tout*, dans une fosse, au centre de la partie la plus basse du sol que l'on veut égoutter. Ce travail s'exécute en pratiquant, d'abord, une excavation circulaire dont l'orifice présente environ deux ou trois mètres de diamètre ; on diminue ce diamètre à mesure que l'on descend, afin que les parois, disposées en talus, ne s'éboulent pas. A une profondeur qui dépasse rarement quatre à cinq mètres, on arrête l'excavation, et l'on pratique au centre, un forage qui pénètre au-dessous de la couche imperméable. On introduit, alors, dans le trou de sonde, un tube de bois d'orme ou de chêne, et pour prévenir l'engorgement de ce tube, on en recouvre l'orifice supérieur avec de petites

(1) On appelle *regard* un trou pratiqué au-dessus d'un conduit quelconque, et qui permet de voir s'il n'est pas obstrué. On comprend aisément que l'air s'introduirait sans peine dans les tuyaux, par un ou deux trous semblables.

branches d'arbres, puis on place par-dessus une grosse pierre plate dont les côtés reposent sur deux autres pierres latérales; enfin, on remplit presque entièrement l'excavation avec des cailloux. Ces travaux terminés, les eaux, qu'on a soin de faire successivement converger, les jours suivants, au moyen de tranchées, vers un puits absorbant, y disparaissent par infiltration.

Il est très-certain qu'il y a des cas où la confection d'un *boit-tout* présente fort peu de difficultés, où la couche perméable n'est qu'à deux ou trois mètres à peine de la surface du sol. Souvent même il arrive, dans nos pays, que la craie n'est séparée de la terre végétale que par une couche d'argile rouge ou brune, empâtant des silex, et appelée *cauchin*, ou par le *bief*, argile de même nature, mais qui ne contient pas de silex. Dans d'autres contrées, on trouve des sables très-perméables, à peu de distance.

Si les terres que l'on draine sont bordées ou traversées par une rivière ou par un ruisseau à faible pente, qui puisse servir d'évacuateur principal, il est très-important de n'y amener les eaux de drainage que de loin en loin, au moyen d'un collecteur parallèle. On comprend facilement la raison de cette recommandation, quand on connaît les effets qui se produisent dans nos rivières à faible pente, où se forment très-promptement des attérissements, où poussent annuellement des herbes, des roseaux qui pourraient engorger les tuyaux placés à l'extrémité de chaque drain. Dans les grandes crues, d'ailleurs, causées soit par les orages, soit par des fontes de neige, les eaux sont *troubles;* si elles pénètrent dans les tuyaux, elles y forment certainement des dépôts de nature à gêner l'écoulement des eaux. Puis, les berges se trouvant corrodées à la longue, il y a des *déchirures* plus ou moins profondes qui doivent occasionner le dérangement des tuyaux extrêmes. Il y a, enfin, les rats d'eau, les grenouilles qui peuvent pénétrer dans les drains, y mourir, et déterminer des engorgements temporaires.

Ces inconvénients existent également pour les drains collecteurs; mais, ils sont d'autant moins graves que les lignes principales de drainage sont, tout au plus, dans la proportion de 1 à 10, comparativement au nombre des drains ordinaires.

Il est très-important, toutefois, de veiller au libre écoulement des eaux provenant des collecteurs, car beaucoup de circonstances peuvent les faire refluer et occasionner des dépôts qui, à la longue, finiraient par obstruer complétement les tuyaux, si, surtout, les eaux traversaient des terrains ferrugineux ou crayeux. Il faut toujours que les embouchures soient libres, gazonnées ou maçonnées. Je ne puis trop recommander cette précaution.

On a émis des doutes sur la question de savoir si, dans les terres drainées, d'après la méthode d'espacement à grande distance, les eaux pourraient s'écouler assez promptement, pour ne pas nuire aux plantes, pour ne pas rendre les labours impossibles pendant trop longtemps, et toujours très-difficiles. Il n'y a aucune crainte à concevoir; il est constant que, dans tous les cas *où il ne s'agira que d'évacuer les eaux de pluie*, les tuyaux de la plus petite dimension suffiront.

Toutefois, nous recommanderons d'en employer de plus grands, quand il y aura une grande distance entre les tranchées. En d'autres termes, nous dirons aux draineurs : *Plus vous donnerez d'espacement, plus grands devront être vos tuyaux; notre système, à grand espacement, ne doit être appliqué qu'autant que la pente du terrain est assez prononcée, ou que l'évacuateur général se trouve assez en contre-bas des drains ordinaires, pour qu'il soit possible de leur donner autant de profondeur que l'exige le succès de la nouvelle méthode que nous conseillons de populariser.*

CHAPITRE XIV.

DISPOSITION DES DRAINS. — PENTE A DONNER AU FOND DES TRANCHÉES.

Les fig. 1 et 2, de la planche, indiquent la disposition des tranchées dans toutes nos opérations de drainage. Nous avons adopté le système de barbes de plume, afin de faciliter l'écoulement des eaux des drains secondaires qui fonctionnent d'autant mieux qu'ils se rapprochent plus de la direction du collecteur, lequel doit toujours être établi suivant la ligne de la plus grande pente.

La fig. 1, permet d'apprécier le système que nous recommandons et dont l'application nous a permis de vaincre une des plus grandes difficultés que nous avons rencontrées, et qui consistait à obtenir une pente suffisante pour l'écoulement des eaux.

Sur plusieurs points, nous n'avons donné que 0m 002 de pente, par mètre, soit 0m 20 pour cent mètres; sur d'autres, 0m 001 seulement, et cependant nous avons complétement réussi.

Nous avons obtenu les mêmes résultats, à la Chaussée de Gouvieux, dans la belle prairie de M. Aumont.

La fig. 2, représente une pièce appartenant à M. le duc de Mouchy, où le drainage, à grand espacement et à grande profondeur, a été appliqué, en 1854.

Les drains ayant une assez grande longueur, nous avons pratiqué des bouches de dégagement sur beaucoup de points, et nous avons ouvert, dans le bas, de petites tranchées intermédiaires, aussitôt qu'il ne nous a plus été permis d'obtenir une profondeur suffisante.

Dans les parties hautes de la section de gauche, où l'espacement des drains est de 13 à 15 mètres seulement, nous avons placé des petits tuyaux sur une longueur de 100 mètres; pour le reste, nous avons employé des tuyaux de 0^m0375 de diamètre.

C'est une précaution que je recommanderai aux draineurs, en appelant, une fois encore, toute leur attention sur la nécessité de proportionner les moyens d'écoulement aux quantités d'eau probables que l'on a à évacuer.

Nous employons pour nos collecteurs, soit de gros tuyaux seuls, soit deux côte à côte, soit trois petits ensemble en pyramide. C'est une question qui ne peut présenter d'embarras. On emploie ce que l'on a, et si on procède avec réflexion, on peut compter sur d'excellents résultats.

CHAPITRE XV.

OUTILLAGE SPÉCIAL POUR CERTAINES TERRES.

Dans tous les terrains d'une consistance ordinaire, nos ouvriers n'emploient plus que trois espèces d'instruments, et vont cependant très-vite en besogne. Les deux premiers sont la bèche ordinaire, l'outil spécial, fig. 20, ci-après, dont la forme est la même que celle de la partie inférieure d'une tranchée ouverte, et qui, arrondie à la base, permet de terminer à peu près complétement les drains collecteurs, et de creuser les drains ordi-

[illegible]res, de manière à ce qu'avec une troisième bèche d'une plus petite dimension, mais exactement semblable, on puisse aller, d'un seul coup, à la profondeur voulue. Fortes et solidement emmanchées, ces bèches donnent les moyens de préparer très-promptement une tranchée.

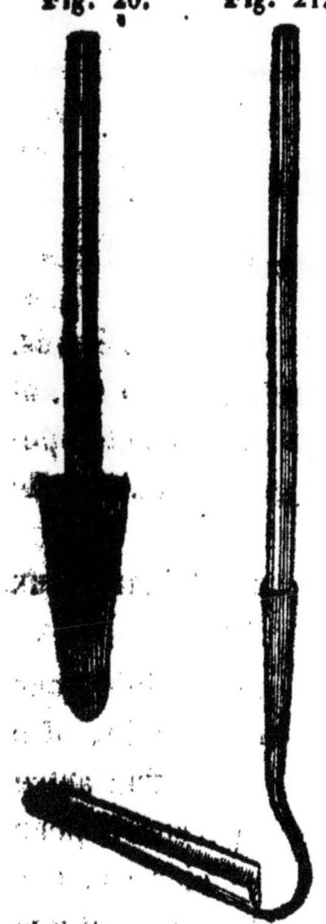

Fig. 20. Fig. 21.

Les curettes, écopes ou *varigus*, sont employées moins fréquemment, et eu égard à la nouvelle disposition de la partie intérieure coupée en sifflet, fig. 21, et des bords un peu évasés et amincis de manière à permettre de nettoyer aisément et très-vite les parois, l'ouvrier gagne beaucoup de temps.

L'instrument qui sert à placer les tuyaux a été également modifié. C'est aujourd'hui, comme on l'a vu page 44, une lame à peu près plate, dentée, d'une épaisseur suffisante, qui rend facile et prompt, le placement des tuyaux avec ou sans manchons. On tient cet instrument propre sans peine. Il est, d'ailleurs, d'une très-grande simplicité.

L'emploi de ces outils, qui coûtent fort bon marché, aura pour résultat de réduire la dépense dans des proportions relativement considérables.

CHAPITRE XVI.

PRIX DE REVIENT DU DRAINAGE.

Si nous avons fait drainer à des prix assez élevés, nous avons pu descendre quelquefois à 135 fr., et notre moyenne, en définitive, pour quarante opérations ordinaires, n'a pas dépassé le chiffre de 250 fr., par hectare.

Je me bornerai à me reporter, à cet égard, aux indications des pages 25 et 26.

Si, comme on peut le faire, on emploie pour une partie, pour la moitié, par exemple, des tuyaux d'une moindre dimension; si, d'un autre côté, on a moins de 30 kilomètres à parcourir pour le transport; si, de plus, on a des pierres, des tuileaux près du lieu où se fait le drainage, et que le terrain soit d'une fouille facile; si, enfin, on applique cette opération à une grande étendue de terrain, les frais généraux seront évidemment moins élevés.

Il est important d'ajouter que, dans ces prix, il n'est pas question *de collecteur;* que la nécessité où l'on peut se trouver d'en creuser à travers des terrains n'appartenant pas à la personne qui fait drainer, augmente nécessairement, et souvent dans de fortes proportions, les prix que nous venons d'indiquer, si, surtout, on applique le drainage à une étendue de terrain peu considérable. Il y a, en outre, un cas spécial dans lequel il y a des précautions particulières à prendre; c'est quand on draine un terrain enclavé dans des propriétés de même nature. Il faut isoler complétement ce terrain, établir autour, une espèce *de cordon sanitaire*, eu égard aux raisons que nous avons indiquées. Si la pièce drainée est grande, la dépense de *circonvallation* est peu appréciable, par hectare; mais, si, comme cela nous est arrivé chez M. Pelletier, à Noailles, on draine 0,40 centiares dans une propriété autour de laquelle une tranchée d'isolement, a été jugée nécessaire, la dépense sera relativement très-élevée.

Dans certains cas, on peut faire creuser des drains à raison de 0,08 à 0,10c tout compris; mais, alors, il ne peut s'agir que d'une petite profondeur, et il faut rapprocher les drains, employer, par conséquent, plus de tuyaux, ce qui revient aussi cher qu'un drainage profond, à grand espacement.

Quelquefois, on peut placer les tranchées à 25 et même à 30 mètres l'une de l'autre, et obtenir, par cela même, de fortes réductions, quoiqu'il faille creuser à de plus grandes profondeurs.

Le prix de revient du drainage, est donc, par sa nature même, essentiellement variable; aussi, un traité à forfait serait toujours une chose fort délicate que ni propriétaires ni entrepreneurs n'ont intérêt à faire.

Si des terrains ont permis de creuser des tranchées à raison de 0,08 à 0,10^{c}, dans d'autres, il a fallu payer de 0,25 à 1 fr.

Si on ajoute à cela, les difficultés particulières que peuvent offrir la pose, l'éloignement des fabriques de tuyaux, l'élévation du prix de la main-d'œuvre, dans certaines contrées, on se fera une idée des différences assez grandes qui peuvent exister entre la dépense qu'occasionnerait le drainage de deux hectares de terre, placés, l'un dans de bonnes conditions, l'autre dans des conditions difficiles.

Quand on appliquera le système que nous avons développé. pages 47 et suivantes, il y aura d'importantes réductions possibles.

CHAPITRE XVII.

APPLICATION DU DRAINAGE AUX MAISONS D'HABITATION

Si le drainage, appliqué aux terrains humides, produit d'heureux résultats, s'il est destiné à opérer dans le monde, toute une révolution pacifique, et cependant d'une portée immense, ce système d'assainissement peut encore fournir les moyens de rendre nos habitations toujours saines, d'assarer ainsi plus de bien-être aux populations de certaines contrées où l'insalubrité des maisons occasionne tant d'affections rhumatismales, tant de fièvres intermittentes.

Comme le creusement, autour d'une habitation, d'un fossé d'une certaine profondeur, pourrait inspirer des craintes, eu égard à la poussée des terres, déterminée par les murs des fondations, rien n'empêcherait de pratiquer les tranchées à une distance des murs, telle qu'elles ne pussent nuire en rien à la solidité de la construction.

La profondeur varierait suivant les lieux, suivant les circonstances ; mais, comme on ne forme guère d'établissement de cette nature, sans, en même temps, creuser un puits, s'il n'en existe déjà, à peu de distance, on peut évacuer les eaux la plupart du temps, sans avoir de sérieuses difficultés à vaincre. Si nous conseillons de ne plus construire, à l'avenir, sans drainer l'emplacement que doivent occuper les maisons d'habitation, nous considérons tout naturellement comme une mesure indispensable, le drainage des maisons existantes.

Pour évacuer les eaux provenant de l'application de notre système, aux pourtours des maisons d'habitation, on a presque toujours les puits, avons-nous dit, à défaut d'autre moyen, et l'on ne saurait prétendre qu'y faire déboucher le drain, ce serait gâter l'eau, par la raison que les eaux de drainage sont généralement d'une pureté et d'une limpidité remarquables. On ne pourrait pas craindre non plus de diminuer la solidité des murs des puits, puisqu'il suffirait, pour se mettre à l'abri de tout danger, de placer le dernier tuyau à quelques centimètres de la paroi intérieure, afin que les eaux pussent s'écouler sans dégrader la maçonnerie.

Cette nouvelle application du drainage sera très-certainement accueillie avec faveur, quand les populations auront pu en apprécier l'importance (1).

CHAPITRE XVIII.

FABRICATION DES TUYAUX DE DRAINAGE.

On s'est beaucoup occupé des moyens de fabriquer, à bas prix, des tuyaux de drainage; les mécaniciens anglais qui, pendant de longues années, se sont livrés à des recherches sérieuses sur la construction des machines destinées à étirer les tuyaux, sont *John Davie*, Ainslie, Thackeray, Clayton et Scragg. Suivant quelques personnes, la machine Clayton est la meilleure ; d'autres patronnent celle de Scragg.

Ce que je dois me borner à dire, c'est que l'une de

(1) Dans l'arrondissement de Compiègne, grâce à la vigoureuse impulsion donnée par l'honorable M. de Tocqueville, président de la Société d'agriculture, à toutes les mesures utiles, l'église de Mélicocq a été drainée. On s'en trouve parfaitement bien.

celles que nous a vendues M. Laurent, qui n'est autre que la machine Ainslie, perfectionnée par M. Thackeray, nous a permis de confectionner de bons tuyaux. Nous devons donc lui accorder la préférence. Elle n'est pas la seule de son espèce qui fonctionne à la grande satisfaction de ceux qui l'emploient, puisque celle que nous avions mise à la disposition de M. Leblond-Devé, potier à Saint-Samson, près Songeons, a donné des produits presque aussi beaux que les nôtres. Celle que M. de Chezelles, de Frières-Faillouël (Aisne), a achetée d'après nos conseils, ne laisse, non plus, rien à désirer.

On peut confectionner, dit-on, avec la machine Clayton, une plus grande quantité de tuyaux ; c'est possible; mais, ce côté de la question n'a pas, à mes yeux, beaucoup d'importance. La qualité est préférable à la quantité, par la raison, surtout, que, si on produit un tiers en sus, on n'obtient guère qu'une réduction de 1 fr. à 1 fr. 50 par mille, tandis que si l'on emploie des tuyaux mal confectionnés, quoique bien cuits, le poseur éprouve des difficultés telles, que la différence de prix dans la confection, est à peine couverte, et que le drainage offre moins de garanties, parce que les tuyaux sont posés moins régulièrement.

Les nôtres sont toujours exempts de fissures et de trous dus à la force expansive de l'air comprimé qui se trouve constamment dans les machines à piston.

Avec une de nos machines et deux fours fort simples, comme ceux où l'on cuit la brique, trois hangars, un *lieu de marchage* et une fosse à terre, bien couverte, bien abritée, nous confectionnerions, année moyenne, sans peine, sans difficulté, de 600 à 700,000 tuyaux. C'est tout ce que nous pouvons désirer.

Nous employons de l'argile bleue d'une excellente qualité, appartenant à l'étage néocomien (1). Un mètre cube, qui pèse 2,020 kilogrammes, suffit pour confectionner 2,048 tuyaux de 0,05 de diamètre extérieur, 1,596 de 0,065 et 1,040 de 0,09.

Nos tuyaux ont de 0,34 à 0,35 de longueur; les petits pèsent 0k 680, les moyens 0k 980, les gros de seconde dimension 1k 400, les plus grands 1k 698.

Nous cuisons dans nos fours, l'équivalent de 36,000 de petits tuyaux.

Nos séchoirs consistent tout simplement en étagères en tringles, disposées dans des hangars où l'air peut librement circuler. Les tringles sont plus ou moins fortes, suivant qu'elles doivent supporter des tuyaux de dimension plus ou moins grande.

Vous serez, sans doute, bien aise, mes enfants, d'avoir sous les yeux un dessin de la machine que

(1) L'étage néocomien tire son nom de la nature de l'argile qui existe en abondance dans le Canton de Neufchâtel (Suisse), argile que l'on trouve dans une grande partie de l'Europe, et qui sert à la fabrication des carreaux, des tuiles, etc.

nous employons pour étirer nos tuyaux. La voici :

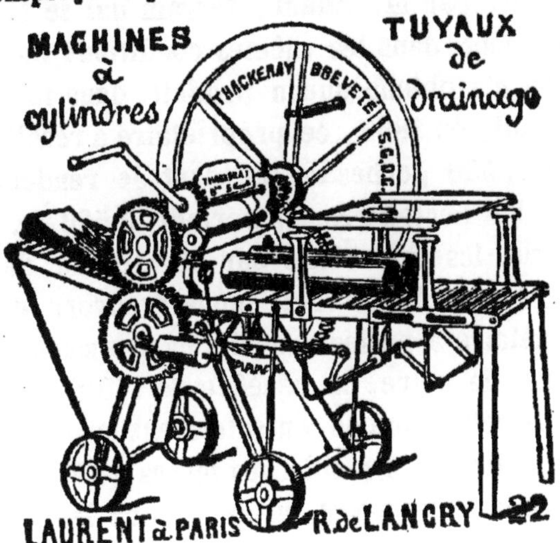

Vous reconnaîtrez, en l'examinant, qu'elle est, comme je vous le disais, d'une grande simplicité. Un homme robuste suffit pour la faire fonctionner. S'il se trouvait fatigué, par suite de l'état de la terre qui peut être plus ou moins bien préparée, on pourrait lui donner un aide qui serait placé à la seconde manivelle disposée de l'autre côté de la machine.

CHAPITRE XIX.

AVANTAGES RÉSULTANT DU DRAINAGE.

Vous avez vu les résultats obtenus par M. Vandercolme ; mais, ce ne sont pas les seuls exemples qu'il y ait à vous citer :

Dans un terrain drainé, à Flambermont, près Beauvais, par M. Adam, terrain qui se trouvait absolument dans les mêmes conditions que ceux où l'on n'a obtenu aucun produit, dans le canton d'Auneuil, en 1853, ce propriétaire a récolté, par hectare, 500 gerbes de blé dont le rendement a été de 24 hectolitres. En portant à 500 fr., tout compris, les frais faits par M. Adam, dans sa pièce du moulin à vent, nous trouvons que le propriétaire a pu les couvrir, en une seule année, et faire, en outre, un bénéfice de 140 fr. par hectare, bénéfice dont se contenteraient la plupart des propriétaires des meilleures terres de France.

M. Adam reconnaît lui-même que les terrains placés dans les mêmes conditions que sa pièce drainée, *n'ont rien produit;* qu'il a fallu les ensemencer de nouveau, au mois de mars. Il y a donc eu une différence du tout au tout, en 1853, entre les terrains assainis et les terres humides auxquelles on n'a pas appliqué le drainage.

A Lamotte-Beuvon, dans la ferme achetée par l'Empereur, dans le seul but de faire des essais d'assainissement; au Charmel, chez M. de Rougé; dans le Languedoc, chez MM. de Bryas et Duchâtel, le succès a dépassé toutes les espérances que l'on pouvait concevoir.

Je vous ai dit, page 16, que le drainage assainissait le climat. Cette opinion est admise aujourd'hui par tout le monde. Voici comment s'exprimait, au sujet du drainage, M. de Rougé, propriétaire au Charmel (Aisne), lors du congrès de Valenciennes, en 1852 :

« J'aime mieux vous dire, Messieurs, la joie et
» le bonheur que j'ai éprouvés, quand à peine des
» drains étaient ouverts depuis quelques heures,
» que déjà l'eau disparaissait de la surface du sol,
» que la terre se raffermissait sous mes pas, que je
» voyais les parois des drains suinter et pleurer
» comme certains murs après un dégel, que, re-
» gardant cet espace tout-à-l'heure encore à l'état
» de marais couvert d'eaux croupissantes exhalant
» des miasmes pestilentiels, portant la fièvre et la
» mort dans les malheureuses chaumières, je le
» voyais, dans ma pensée, couvert de merveilleuses
» récoltes, rejetant, par des tuyaux de six centi-
» mètres de diamètre intérieur, ses eaux à travers
» une prairie, qui bientôt, sous l'influence d'une irri-
» gation bien entendue, va devenir un magnifique
» pâturage, que je pouvais dire : *A moi le succès !* »

Ces paroles, mes enfants, dans la bouche d'un homme sérieux qui a fait de nombreuses expériences, ont une bien grande portée. Elles dénotent une conviction profonde.

Beaucoup d'hommes supérieurs pensent comme M. de Rougé.

Voici, en outre, quelques extraits de rapports qui vous intéresseront, mes enfants, parce que les faits qu'ils contiennent ont été constatés par *des commissions spéciales* nommées par notre honorable Préfet.

1° *Drainage du Becquet, commune de Saint-Paul, près Beauvais ;* rapporteur : M. Baclé, maire de Villers-Saint-Barthélemy.

Le drainage a été effectué, du mois d'octobre 1852 au mois d'avril 1853, sur 4 hectares 57 ares de terrain en nature d'herbage, de terre labourable et de marécage.

Dans la partie en herbage, les joncs qui y dominaient ont disparu ; ce qui en est resté, est ou mort ou mourant. Les arbres, qui y dépérissaient par excès d'humidité, ont repris une nouvelle vigueur.

La partie en terre arable, excessivement fraîche avant l'opération, est maintenant très-saine ; la récolte en avoine sera des meilleures.

Le marécage formant ravin, contenant un demi-hectare, sans aucune valeur, donnera également une très-bonne récolte en avoine, dans toutes ses parties.

Au total, ce drainage, parfaitement exécuté, donne les résultats les plus satisfaisants : l'augmentation des produits, dès la première année, couvrira une grande partie des dépenses.

2° *Drainage de M. Adam ;* même rapporteur :

Les résultats obtenus sont de nature à faire adopter le drainage par tous, partout où besoin sera : c'est-à-dire, qu'ils ne laissent rien à désirer.

Dans la terre contiguë, de même nature et de même culture, mais non drainée, la récolte est des plus mauvaises et presque nulle.

Dans la partie drainée, au contraire, le blé est excellent, sans mauvaise herbe, tige droite, épi plein et bien nourri, avec devancement de maturité de huit jours.

Le drainage est un poison très-actif pour les mauvaises plantes.

Le drainage augmente la quantité et la qualité des récoltes qu'il avance de huit à dix jours.

Le drainage est destiné à rendre les plus grands services à l'agriculture.

Il diminue l'insalubrité du pays.

Il augmente l'aisance du laborieux et infatigable ouvrier des champs.

Il contribue à sa moralisation.

3° *Drainage de Noailles (Oise)*; rapporteur : M. le marquis de Maupeou, maire de Berthecourt :

La seconde pièce dont nous avions à nous occuper, est située sur la commune de Noailles; elle appartient à M. le duc de Mouchy, et est exploitée par M. Philippe Pelletier, maître de poste à Noailles; elle est d'une contenance de 2 hect. 77 ares 95 c. Cette pièce, dite des Glaises, se trouvait, par l'humidité constante que lui conservait son sous-sol glaiseux, d'une culture extrêmement pénible en tout temps, et d'un rapport de peu de valeur. Des travaux de drainage, rendus très-difficiles par la position et le genre du terrain (six pentes différentes ayant été nécessaires pour l'écoulement des eaux, et à peu près 1,000 mètres de drains s'étant éboulés en une nuit), ont été exécutés depuis le mois de novembre dernier, et nous avons constaté que, malgré les pluies des jours précédents, on avait pu, la veille, faire labourer cette pièce de terre au moyen de charrues attelées de deux chevaux seulement, au lieu de quatre que nécessitait, auparavant, la lourdeur de ces terres compactes. L'eau avait disparu de la surface, et le sol déjà devenu plus friable. Tous ces résultats, obtenus en quelques mois, nous portent à croire que, dans peu de temps, ce champ, de culture si difficile et de si peu de rapport, s'améliorant de plus, changera complétement de nature.

Ces résultats ont attiré l'attention des propriétaires qui ont pu l'apprécier. Mais, on a voulu faire plus; on a désiré que le plus grand nombre de cultivateurs possible se trouvât à même de constater le changement si remarquable et si subit qu'éprouve le sol drainé.

Vous en trouverez les preuves dans l'extrait suivant du procès-verbal de la séance de la Chambre consultative d'agriculture de l'arrondissement de Beauvais, du 15 décembre 1854 :

Sur la proposition de M. le Préfet, la chambre émet le vœu qu'un essai de drainage sur une petite échelle, fait avec tout le soin convenable, et *sur le terrain le plus susceptible d'augmentation de valeur par le fait de l'opération*, ait lieu *dans chaque canton.*

MM. les Membres ont répondu à cet appel ; déjà, des travaux sont en cours d'exécution sur les propriétés de la plupart d'entre eux.

J'ai fini, mes enfants. Je suis heureux de penser, en terminant, que vous pourrez voir appliquer mes conseils. Partout, autour de vous on draine aujourd'hui, si ce n'est un champ, c'est un jardin ; tous les hommes de progrès veulent essayer.

J'ai l'espoir que dans trente ans, il n'y aura plus *un champ* de terre forte, froide ou grasse, à drainer. Vous serez alors dans la force de l'âge, et vous vous rappellerez peut-être mes vives et pressantes recommandations.

TABLE DES MATIÈRES.

Beauvais. — Imp. de C. Moisand.

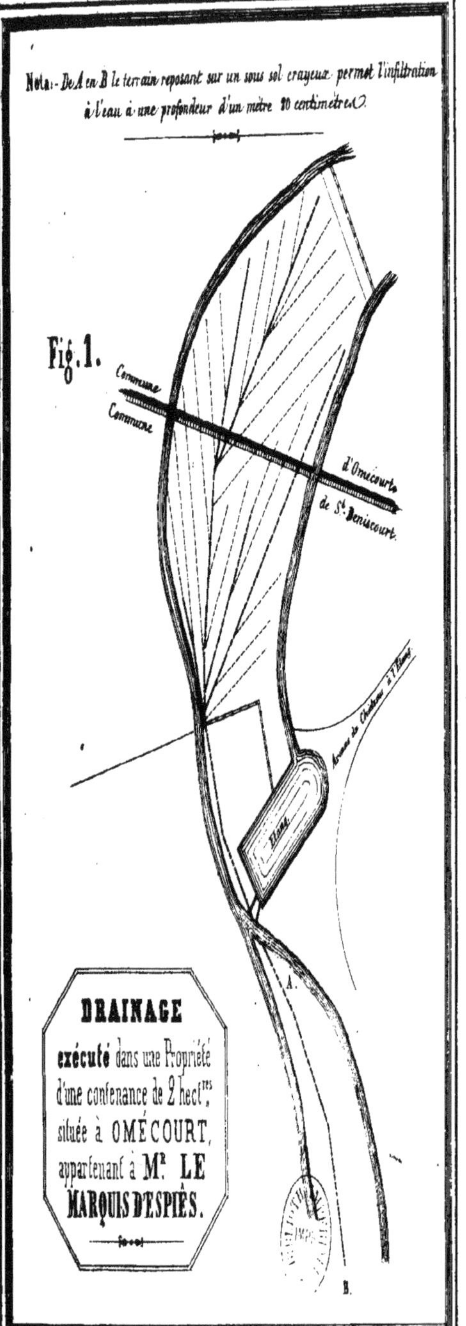

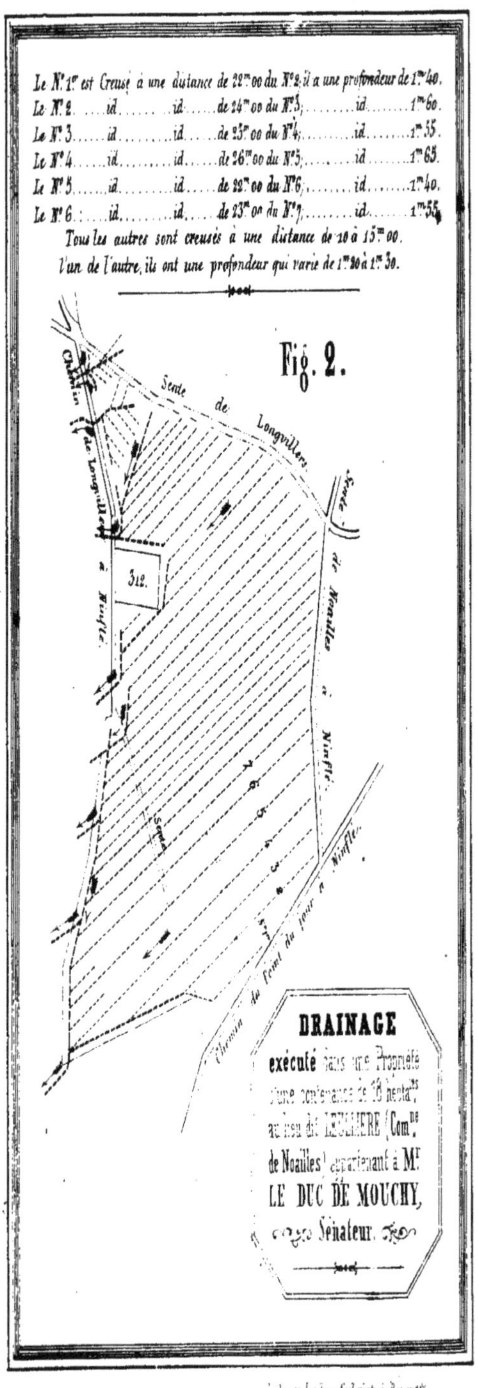

Lith. de Ladure-Cochepert, à Beauvais.

www.ingramcontent.com/pod-product-compliance
Ingram Content Group UK Ltd.
Pitfield, Milton Keynes, MK11 3LW, UK
UKHW020933180726
13838UKWH00002B/911

9 782329 303734